以匠心，致设计
网易UEDC用户体验设计

网易用户体验设计中心 编著

电子工业出版社
Publishing House of Electronics Industry
北京·BEIJING

内 容 简 介

为什么网易云音乐的体验流畅细腻、富有温度？为什么网易严选App的UI设计让人感到温馨、舒适？为什么网易蜗牛读书App的界面设计让用户爱不释手……

本书是网易用户体验设计团队对自身过去的设计思考的精心总结，最大程度还原了网易产品背后的设计故事，内容涵盖设计基础、设计实践、方法思考、成长指南四章，借助网易产品设计的实际案例具体讲述了设计师日常工作中不可避免的用户引导、色彩搭配、品牌设计、体验设计、信息层级、设计规范等内容。

我们相信，做设计是需要"匠心"的。因此，我们细致设计了书中的每一处细节，希望这本反思、总结之书能够给广大UI设计师、视觉设计师、交互设计师、用户体验设计师、产品经理等产品设计相关人员带来启迪，帮助所有从业人员展望未来。

未经许可，不得以任何方式复制或抄袭本书之部分或全部内容。
版权所有，侵权必究。

图书在版编目（CIP）数据

以匠心，致设计：网易UEDC用户体验设计 / 网易用户体验设计中心编著. —北京：电子工业出版社，2018.8
ISBN 978-7-121-33602-7

Ⅰ. ①以… Ⅱ. ①网… Ⅲ. ①产品设计 Ⅳ. ①TB472

中国版本图书馆CIP数据核字(2018)第019871号

策划编辑：	田志远
责任编辑：	徐津平
印　　刷：	北京虎彩文化传播有限公司
装　　订：	北京虎彩文化传播有限公司
出版发行：	电子工业出版社
	北京市海淀区万寿路173信箱　　邮编：100036
开　　本：	720×1000　1/16　　印张：??　　字数：394千字
版　　次：	2018年8月第1版
印　　次：	2021年8月第6次印刷
定　　价：	95.00元

凡所购买电子工业出版社图书有缺损问题，请向购买书店调换。若书店售缺，请与本社发行部联系，联系及邮购电话：（010）88254888，88258888。

质量投诉请发邮件至zlts@phei.com.cn，盗版侵权举报请发邮件到dbqq@phei.com.cn。
本书咨询联系方式：010-51260888-819，faq@phei.com.cn。

推荐语

网易 UEDC 团队自创建以来，一直是我心目中国内最专注的体验设计团队之一。十年里，他们以匠心精神为网易产品设计赋能，打造了满足并超越用户预期的体验。《以匠心，致设计：网易 UEDC 用户体验设计》浓缩了十年思想与实战的精华，充分体现了网易设计团队对专业的执着与专注。期待网易体验设计团队在下一个十年持续为用户创造惊喜！

黄峰 唐硕创始人，UXPA 中国联合创始人，同济大学设计与创意学院客座教授

以设计，致创新！网易用户体验设计中心的专家们通过设计驱动创新的方式精心打磨了一款又一款令人尖叫的互联网产品，以匠人的设计思维，呈现趋于完美的用户体验。在消费升级的趋势下，网易设计成为中国互联网行业用户体验设计的风向标，引领了中国互联网行业的设计思潮。其在社区平台、新闻门户、移动阅读、电子邮件、游戏竞技、社交娱乐、电子商务等多个类别的产品领先于同行。这本书凝聚了网易人的设计精髓，透过实际案例通过设计基础、设计实践、方法思考、成长指南四章讲述了设计师日常工作中不可避免的用户引导、色彩搭配、品牌设计、体验设计、信息层级、设计规范等内容。要了解网易设计师，这本书呈现了网易设计思维！要了解网易产品，这本书深入讲述了网易产品背后的故事！要了解网易用户体验设计的成功，这本书是一个最佳渠道！

胡晓 国际用户体验设计专业组织（IXDC）创始人

《以匠心，致设计：网易 UEDC 用户体验设计》写的很"帅"。这本书表现了网易用户体验设计中心这个团队在设计实践中对用户体验的深度解读。这本书也让我们看到了因为用户体验，设计是如何思考的。大道至简，有了以用户为中心的理念，我相信，我们的产品会越来越酷。我向广大的读者推荐这本书，希望有越来越多的设计能够体现用户体验的精髓。

葛列众 教授，博士生导师，浙江大学心理科学研究中心副主任，
中国心理学会工程心理学专业委员会主任委员，中国用户体验联盟（UXACN）副主席

网易辛勤耕耘互联网 20 余年，推出了众多优秀产品，超前的理念和优秀的设计都得到了市场的认可。《以匠心，致设计：网易 UEDC 用户体验设计》一书记录了网易设计的心路历程，相信对用户体验行业的从业者会有很好的启发。

何人可 教授，博士生导师，湖南大学设计艺术学院院长，全国教学名师，
教育部高等学校工业设计专业教学指导分委员会主任委员

在唯快不破的互联网时代，网易始终秉持慢工出细活的风格，打磨产品体验，为人乐道。打磨背后沉淀的思考、经验、案例都在本书中得以呈现，于学界、业界都不可多得，推荐一读，值得细嚼。

王昀 教授，博士生导师，中国美术学院文创设计制造业协同创新中心主任

艺术与设计不仅仅是一门职业，不是正襟危坐的一门门课程，而是一种态度、一种眼光、一种体验，甚至是一种生活方式，这也是"匠心"的本质。

王中 教授，博士生导师，中央美术学院城市设计学院院长

"匠"的意思是手艺人，是一个很接地气的词。这本书也是一本很接地气的书，原原本本、实实在在地介绍了网易的设计实践经验，这种谦逊的态度和无私的分享精神实在难能可贵。

王国胜 清华大学美术学院艺术与科学中心设计管理研究所副所长，
SDN 国际服务设计联盟中国区主席

近些年，中国互联网空前繁荣，用户体验起到了尤为重要的作用。网易作为中国互联网最早的一批先行者，至今仍保持旺盛的生命力，同样得益于对用户体验的"匠心般坚持"。这本书从实处起笔，介绍了良多网易的一线设计经验，诚意可贵，值得细读。

张凌浩 教授，博士生导师，江南大学设计学院院长，教育部青年长江学者

纵观行业，网易产品的影响力是巨大的，本书集中展示了这些年网易众多优秀产品的设计历程，也凝聚了设计者宝贵的设计方法与经验。如果你对如何做出简明而优秀的设计感兴趣，这本书会让你受益良多。

朱印 小米首席设计

最早一批起步、耐得住寂寞、又持续有优秀产品产生的网易，是互联网公司中的"异类"，这样的公司文化也体现在网易产品的用户体验设计中，当得上"匠心"二字。本书给有志于产品与用户体验的设计师们提供了一个独特的学习视角。

吴卓浩 创新工场 AI 工程院 VP，前 Google 中国用户体验团队负责人

网易出品的产品设计一贯优雅、沉稳、恰到好处。我好奇在什么样的品牌文化与团队影响下能够孕育如此之多优秀的设计，想必在这背后 UEDC 付出了巨大努力。虽然无法确认这本书能否直接告诉我答案，但是相信本书的细枝末节中一定会对答案有所体现。由浅及深，由点到面，不论是老手，还是新人，带着这个问题开始应该都能从中获益。

董宇（NOS） 陌陌设计副总裁

以初心对待每个设计，以匠心铸就好的产品。

朱君 UI 中国联合创始人，小米生态链创意中心总监

网易的产品一直深受用户的喜爱，在海量用户和丰富的产品中积累了多年经验，这些精髓都在本书中得以体现。希望读者通过众多的案例分享对网易的设计理念、流程、方法论有更深入的认知。设计师在成长中不仅要低头看地，也需要抬头看天，充分吸取养分来让自身有更快地成长。相信此书一定不会辜负你的期待。

赵天翔 滴滴 CDX（用户体验与创意设计部）设计总监

本书是期待已久的网易体验设计领域的专业沉淀精粹。有幸在网易工作期间经历了网易 UEDC 从无到有的过程，时过八载，网易设计一直秉承精益求精的设计精神，无论是网易严选、网易云音乐，还是网易云阅读，都能看到网易人切实深入用户场景打磨体验；无论是在视觉传达，还是在流程体验，都能看到网易每个产品独有的魅力和个性，这点在当代的互联网环境难能可贵，本书充分体现了网易设计团队在体验设计领域对匠心的追求。希望大家能通过此书收获良多。

卢锟 腾讯 QQ 设计总监

有人说今天的设计相较于十年前变得更简单了，因为已经有很多成熟的方法论。其实，在消费升级和AI爆发的今天，任何行业对设计的要求都要明显高于以往任何时期，今天的设计是理性和感性高度结合的产物，同时会更加带有设计师个人或设计团队的属性，每一次跨行业或跨团队的学习机会都是对自己能力模型的重要补充。网易UEDC团队的《以匠心，致设计：网易UEDC用户体验设计》是一本设计工具书，更是UEDC团队在日常工作中沉淀下来的心得，书中会用朴素的设计师语言、专业的方法论和网易多款经典产品的设计案例来告诉你他们是如何思考，如何来诠释网易的设计的。

曲佳 百度金融FDC团队负责人

《以匠心，致设计：网易UEDC用户体验设计》这本书真实反映了网易产品的不同之处，虽不张扬，但在用户中的口碑都非常优异。这反映出网易设计团队是真正用专业做设计、用匠心做体验。本书涵盖交互、UI、品牌设计，有方法、有案例、范畴宽，实为业内不可多得的堪比教科书的专业书籍，强力推荐！

贾云 大众点评平台总经理，大众点评首席体验官

感谢网易用户体验设计中心给设计师群体提交了一份这么圆满的答卷！以工匠之心，致敬设计初衷，从基础到实践再到设计思考，本书给设计师提供了非常优秀的成长指南，充分体现了网易用户体验的专业性及其乐于分享的精神，这是一本非常值得拥有的设计书籍。祝大卖。

原雪梅 华为CBG（消费者BG）UX设计总监、华为设计学院院长

近年来进入用户体验行业的设计师越来越多，有很多还是在摸着石头过河。网易UEDC将几年的经验汇集成册，从基础到进阶，从设计思维到设计实践，用真实的项目经历和总结，细致地讲述了在工作实践中所用到的各种设计方法。比如视觉设计师如何运用情感设计，交互设计师如何运用营销策略，设计师如何自我管理、自我提升，相信这对很多遇到瓶颈的设计师有不小的助推作用！

董景博 UI中国创始人、CEO

网易云音乐、网易严选、网易蜗牛读书……为什么网易的产品都那么独特又让人爱不释手？这背后网易UEDC功不可没。这本《以匠心，致设计：网易UEDC用户体验设计》将会带领你学到怎样把"设计师的匠心"从口号变成真实的产品力。

梁耀明 站酷创始人、CEO

网易的产品与设计一直在国内的互联网公司中独树一帜，相信在这样的风格和成就之下，一定有着一群设计师在以自己的方式坚持着独特的理念。而在这本书中，我们会看到那些不为人知的秘密，这是记录，更是价值，值得我们去一探究竟。

相辉 林Caroline 绘麟社创始人，插画家

（排名不分先后顺序）

推荐序

这是一个变化的时代,唯一不变的就是"永远在变"。

今天的消费者正变得越来越难以捉摸,他们对品牌的忠诚度每况愈下,一直寻找能够提供更多回报的新的产品和服务。产品设计不仅仅是硬件、软件的竞争,更是用户体验和服务的竞争。成功的产品能够实现高情感价值,"形式和功能必须实现梦想"(Form and Function Must Fulfill Fantasy)。

在互联网时代,产品(包括物质产品与非物质产品)与服务已经融为一体,产品能够创造良好的用户体验是一个重要的指标;共同体验(Co-Experience)、价值共创(Co-Creation)、共享(Co-Share)是这个时代的主题。交互设计、界面设计、用户体验设计、服务设计等,都是非常热门的职业和社会热点,涉足互联网、移动互联网的企业都需要这些人才。以前我们谈论设计,更多的是关注看得见的硬件产品,今天的设计更多地关注硬件、软件和服务。好的体验带来好的商业,而好的体验则需要好的设计。

随着大数据、人工智能技术的发展,越来越多的人类智慧型劳动逐步被智能化的机器所替代,如AlphaGo、无人驾驶、智能家居等。在此时代背景下,设计如何运用数据,拥抱技术,整合"用户+文化+商业+技术+设计",为世界不断创造新的产品、智能系统及服务,并创造独特的商业机会,提供良好的用户体验,提升产业及生命的质量,为用户乃至人类赋能,是我们需要思考和实践的一件重要事情!

从2015年年底开始,我们团队与网易云课堂开展合作,陆续开设了"交互设计师""UI设计师"和"用户研究员"三门微专业课程。多年来深入网易与多个部门的"大咖"开展深度合作,包括UED、电商、社交、游戏、教育、网易云、智能硬件等部门,我们深深体会到了网易的"低调与奢华",领略了网易的设计魅力。"低调"是指大家做事情踏实、一丝不苟、不张扬;"奢华"是指网易设计阵容强大,但大家在工作上充满了热情,专业知识丰富、底蕴深厚。正是他们的"默默无闻"而富有激情的工作,为本书奠定了坚实的设计基础。

目前,交互设计、界面设计、用户体验设计、服务设计等领域的著作已经非常多了,大部分都是翻译国外的经典著作,国内作者出的书却不多。我一直主张在引进、消化吸收的基础上,我们应该发表自己的观点和主张,建立自己的话语体系,增强设计自信,哪怕是一点点的进步,也是值得推崇和肯定的。网易推出的《以匠心,致设计:网易UEDC用户体验设计》,正是我们提升设计自信的一个实践。

建设世界一流大学和一流学科,全面提升设计创新能力,是新时代设计学科面临的重大机遇与挑战。设计学科需要大胆永续创新,集成知识,跨界整合,探索新的技术、新的形态、新的服务和设计等,并转化成为人所用和为人所有。设计行业从业者既要有深厚的理论基础,又要具备娴熟的设计技能,"由理入道"与"由技入道"并存。《以匠心,致设计:网易UEDC用户体验设计》从企业实战出发,理论结合实践,从"设计基础→设计实践→方法思考→成长指南"四个层面,由浅入深,以工匠之心,谆谆教导,为我们打开了另外一扇清新窗、一道通往成功的设计之门!

罗仕鉴 2018年6月于求是园
博士,浙江大学教授,博士生导师
中国工业设计协会用户体验产业分会理事长
中国人工智能学会理事,智能CAD与数字艺术专委会秘书长
浙江省交互设计专业委员会副主任兼秘书长

自序一：设计的平衡

经常有人问我：什么是好的设计？我想提问的人往往是希望我能从工作中提炼出几个简单的原则。但其实这样的问题并不是那么容易回答，虽然这些年我负责的一些产品能获得社会上的认同，同时每天也不停地在从事做"好"设计的工作，但越是深入了解，越能体会到设计的复杂性。设计给我最大的启发就是设计的好坏并没有一个绝对值，当你的设计往一边倾斜的时候，必然带来这个定位的优点和缺点。所以一个好的设计应该是权衡所有的利弊之后，选择的一个最优的平衡点。

往大了说，做某个产品的品牌设计，你可以把它设计得非常有个性，但如果风格太过超前，可能就只有少数头部用户才能领略到设计的精髓，对于海量的长尾用户来说，这样的设计是脱节的，他们没办法理解，这时，产品就变得小众，很难被广泛接受。如果风格过于保守，没有亮点，产品就会石沉大海。怎么把握平衡点对产品的成功有很大的影响。

往小了说，一个界面、一个流程或者一个控件的设计，往往也都面临着众多选择，在某些条件下，效率、认知、记忆、情感等体验要素会存在互斥关系。比如电商产品的首页，商品图形越大，每屏商品的信息量就越低；而商品图形越小，商品的识别效果越差，这同样影响信息的有效传递。光是图片的大小要怎么平衡，背后就有一套方法论。

所以一个好的设计，通常不是因为技术有多么强大，而是在大量设计决策中总是能把握最优的平衡点。能做出优秀决策的前提是你对市场、用户、产品了解的深度。正如原研哉的一句话："设计不是一种技能，而是捕捉事物本质的感觉能力和洞察能力。"那么，如何获得这些能力呢？我的建议是"多看、多学、多想、多试、多练"。

本书包含了网易众多项目的设计实践经验和设计思路、设计方法，无论你当前的设计水平如何，这本书都能激发起你挖掘生活中的设计灵感。本书见解丰富，寓教于乐，所以，不妨拉来一把舒服的椅子坐下，尽情沉浸其中吧！

郭冠敏（小草）
网易设计总监

自序二：一件家具永远都不会有背部

谨以此文献给工作 3～5 年的设计从业者。

一

2017 年某个冬日的午后，一场面试在波澜不惊地进行着。这次招聘主要是针对某个项目的发展，招聘一位高级视觉设计师。

设计的作品中规中矩，细节问题比较突出，视觉流也稍显混乱。这是我经过面试得出的印象。

"请用最概括的语言形容一下你的优势？"我问道。

"我是一名全链路体验精细化设计师，可以把服务设计的理念贯彻到设计中，构建俯瞰视角，在智慧设计的理念下构建体验新场景，产生商业价值……"他满意地把身体向后轻轻仰起。

"请具体描述一下你所理解的全链路体验精细化。"

"这个……我说不好。"

二

很小的时候，我的美术老师曾经告诉我："一件家具永远都不会有背部。"还在画静物的我，不明所以。于是他拿我坐的椅子举例："如果你想选一件好的家具，最好先将家具翻过来看看。如果这件家具的底部看起来能让人满意，那么其余部分应该也是没有问题的。" 他告诉我这句话并不是他的原创，而是丹麦设计师汉斯·瓦格纳对设计的严格要求。

懵懂的我听进去了老师的话，因为那时候我才上小学 4 年级，老师的话我会不需要判断就认为是最有道理的，事实上这也影响了我对设计的态度。在塑造石膏像的时候，我总会想尽办法画得最深入、最细致，因为我觉得只有这样，才能跨越时间和空间，与大师进行对话。在塑造人体的时候，我尽量想办法不去注意关节，而是用简单的线条把手臂曲线展示完整。

再后来，我接触了设计，也接触了老师最开始教育我时引用的那句话的作者—汉斯·瓦格纳。他的设计不盲从潮流，而是尊重传统，承袭文化，欣赏自然。他对文化在设计中所创造的价值有独到的见解，并在对中国古椅的探索中，设计了 Y 型椅及孔雀椅，流传至今。

瓦格纳的作品之所以拥有非凡的设计，有很多原因，其中最重要的原因是他持守着工匠的精神，以务实的态度去履行自己的职责。他总是在设计过程中评估实际的需要，设立一些严格的规范。这些规范不允许漫无边际的自由灵感，设计必须在突破材质的可能性与工艺设计的规范之间拥有一种创造性的互动关系。就像他说的："最大的自由来源于严谨的要求。"带着这种对匠心设计的解读，我踏入了互联网设计行业。

在当下的互联网设计领域，大量的思维体系被导入，这使得设计师获取的信息量非常大，大到大家已经无法自我识别的程度。

三

就在 2018 年春节前，我买了一个体重秤。因为我一直坚持运动，所以想随时查看自己体重的变化。

这个体重秤需要烦琐的各种设置，比如要设置体重、去脂体重、体脂率、肌肉含量、蛋白质含量、身体水分、骨骼等各项指标。之后再下载一个 App，才能对人体进行实时监控和观测。这满足了设计人员认为的用户诉求：展示得越多，用户得到的信息也就越多。

而核心指标，即体重指标却被忽略。测量数据不准确，经常死机，系统经常重置。最让我震惊的是，这个体重秤一脚踩上去很容易失稳。因为设计师为了好看，把秤体设计成了碗口的形状，人站在秤上面极容易失去平衡。

当"智能"和"用户诉求"已经变成了卖点的时代，还会有人记得体重秤的核心技术其实是电抗式传感器以及高精度压力传感器吗？

四

这种现象也传入了设计体系，一系列思路、行为等风靡的时尚理念，让一个只工作了三五年、还需要认真打磨设计基本功的人觉得，不依附于新鲜理念，就会被批判为"不懂用户行为"。批判的人可能并不了解这位设计师究竟懂不懂，只是觉得他把时间都放在了设计上，从而得出了这样的结论。

无论是在面试中，还是在评审时，总是有大量设计师滔滔不绝地讲述产品理念、产品目标、数据等内容，而对设计思路却简单带过，对产品存在的设计细节问题也耻于深入研究，就好像深入研究图标设计就一定是初级设计师，而扁平化设计如此"简单"，根本就不用深入研究……只有掌握了各种不明所以的词汇和方法论，才是成为资深设计师的关键保证。

我并不否定这些思维方式的重要性，但是设计师对思维方式要适时而谈、适度而谈、适量而谈。设计思维还是要为设计服务的。

我曾经亲眼见过在某大型论坛上，嘉宾侃侃而谈，场下的设计师有的频频点头，有的若有所思。散场以后，大家意犹未尽。过些天，在解答一些学生疑问的时候，论坛上所用的新鲜词汇、新鲜理念就大量出现了，而那时我所要解答的问题是"如何用路径绘制一个扁平化 icon"。

作为工作 3～5 年的设计师，如果此时的你已经有了设计代表作，有着自己的设计理念和设计坚持，并得到一些肯定，我相信这时你对建筑设计、工业设计、出版印刷等各个领域均已有所涉猎，你只有再去深入挖掘，多维度地构建立体的用户需求模型，才有可能建立起可落地的设计方法论体系。

如果此时的你，对视觉设计还只是一知半解，对推广设计还拿不起来，对品牌定位还没有深入研究，那么我劝你一句：不要因为拥有设计几款 App 的经验，和产品经理、开发人员合作过几次，了解一点他们的思路和流程，就去大谈深度服务、设计体验、多边利益关系、多场景转换等空洞的词汇。视觉设计本身就是一门深奥的艺术，值得你花更多的心思去研究。

五

我遇到过太多的设计师，对技术和基本的形式美的规律都未能掌握，就和产品经理聊思维和格局，貌似非常有产品意识。产品经理很满意，设计师自己也陶醉了，但等到出设计稿的时候，这些谈的东西却往往都用不上了。

为什么会这样？因为产品经理认为你的产品思维非常好，是基于你是一位视觉设计师或者交互设计师，他们会有这样一个基本定位：一位视觉设计师或交互设计师拥有这样的思维意识已经很了不起了。

但是，如果设计基本功不扎实，你的思路也就仅限于此，说着产品经理早就已经知道的话，然后发表着运营人员早就发表过的观点，收集着不知该如何分析的数据。如此一来，世界上少了一个可能成为一流设计师的人，而多了一名不入流的产品经理。

设计师的核心竞争力是创造力，而能够实现创造力的是技术，是功力，是对视觉设计的灵活掌握，是对品牌设计的深刻理解，是对视觉流程的轻松驾驭，是让一件家具永远都不会有背部的能力。

"梦想还是要有的，万一实现了呢？"这句话影响了千千万万的人，被奉为经典。我来泼一盆冷水，加一句下联："如果不打好基础，梦想就算实现了也会轻易崩塌"。

最后再提一下，汉斯·瓦格纳更令人尊敬的是，这名狂热的设计师在临终时依然留下了 3500 张从未生产过的家具设计图纸。

（完）

木公

网易 UEDC 设计经理，视觉设计专家

目录
Catalog

第一章
设计基础

01 用户引导——让设计不再"小透明" 003

02 从案例中学习如何突破设计中的固有思维 025

03 你不知道的色彩密码 037

04 图表设计——远不止"好看"这么简单 061

05 如何绘制一份交互稿 077

第二章
设计实践

06 网易严选 App 品牌设计 091

07 网易蜗牛读书品牌体验设计 103

08 视觉设计师的进化 129

09 如何用"十字法"构建页面中的信息层级 147

10 从 0 到 1：论网易严选营销线的交互设计 161

11 小屏幕下的大数据 173

12 心理学小策略帮你引导用户决策 191

13 设计打动人心的瞬间 199

第三章
方法思考

14 用体验设计思维做官网：B 端产品官网设计实践　　215

15 控制感，为用户体验加分　　235

16 结构化思维初体验：猛犸平台优化实战　　247

17 对制作交互规范的思考　　259

第四章
成长指南

18 在工作中，交互设计师应学会的"僭越"　　279

19 UI 设计师如何自我提升设计力　　291

20 设计师的自我管理　　311

21 设计师如何提高产品思维　　323

后记

UEDC
Design

第一章

设计基础

01

用户引导——让设计不再"小透明"

任轶

用户引导在生活中随处可见,医院的科室指向标、交通警察的指挥手势、男厕内为了实现"精准射击"的小苍蝇都是用户引导。当用户看到不知是该"推"还是该"拉"的门把手、看不出状态的开关、摸不清头绪的指示标时,会产生迷惑甚至焦躁。

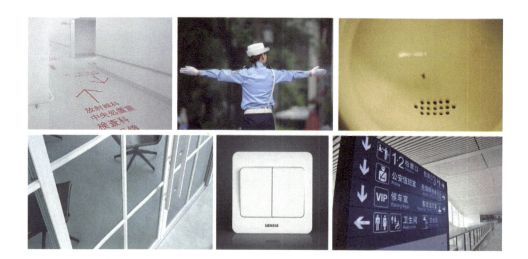

引导是通过某种手段或方法，干预目标对象的决策和发展，促使其更快地接近目标。用户引导不是针对结果的设计，而是带领既定的目标对象快速、愉悦地达到目标的过程。

设计师在工作中经常会在做完功能后产生纠结，要以什么样的形式将功能告知用户？如何让用户按照设计师的预期顺利使用产品？引导并不是什么稀奇、深奥的东西，面对这样一个没有门槛的设计点，设计师除通过自身已有的设计经验来增加可用性以外，是否存在一个有效的指导方法呢？

用户引导的目的

1. 对于用户而言

用户引导对用户的价值在于降低学习成本，迅速上手使用产品；被告知有价值的信息，减少时间和精力开支；预知帮助内容，愉快地学习使用产品。例如 App Store 的精华产品 Paper 作为绘图软件，它的交互建立在很多特殊手势之上，其还定义了一些带有品牌特色的操作规范。

要知道用户没有多少时间和耐心去摸索一个完全陌生的产品，因此 Paper 为新用户做了大量的操作引导，如下图所示。

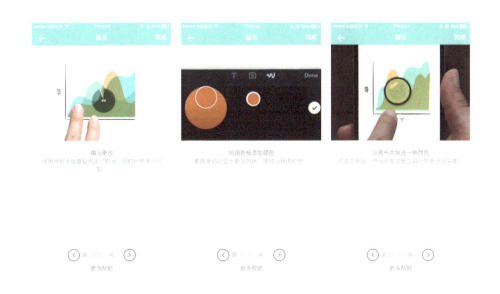

2. 对于产品而言

用户引导对产品的价值在于让新用户快速了解、使用产品，缩短探索周期；吸引用户发现新功能或操作指定对象；提前给予用户帮助，提升产品体验的愉悦度。

用户引导的类型

虽然引导多种多样，但是我们依然可以从四个方面来总结、归纳它们。

1. 信息提示类

信息提示类引导是用信息展示的方式帮助用户理解产品的功能和需要执行的操作，最常见的就是"小红点""未读提醒""更新提醒"这样的提示。下图从左到右依次为：网易云音乐账号页中的红点和数字标识、网易严选购物车的商品数量提示。

2. 功能提醒类

由于有些 Icon 达意不明确、有些功能被收起或隐藏在手势中、主打功能希望被用户快速掌握等，产品需要加以引导以降低用户的学习成本。下图从左到右依次为：百度云盘的"文件夹…"功能、微博首页中故事模块的切换手势操作。

3. 操作引导类

操作引导分为强制性和非强制性两种。强制性的操作引导主要用于登录、注册、安全认证、激活等相关流程，这些流程需要验证身份后才能继续进行后续的操作；非强制性的操作引导则多用于鼓励用户操作，例如完善资料、关注更多好友、分享转发等，这类引导最好给予一定的激励。如果是复杂的任务流程，每一步都要给新用户讲清楚，这一步处于哪一个环节，该怎么操作，有什么作用。

下图从左到右依次为：闲鱼引导用户开通闲鱼号，好处是可以看到谁在关注你；Facebook引导用户授权访问通讯录，好处是可以找到更多的好友。

4. 内容推广类

除自身功能之外，产品中也会包含一些额外的推广性引导，最常见的就是产品中植入的广告。下图从左到右依次为：网易云音乐启动页的广告、网易新闻信息流中插入的游戏广告。

用户引导的三要素

究竟如何为引导做设计呢?在你撸起袖子准备干之前,不妨先想一想以下三个要素之间的关系。

用户引导的三要素

1. 目的

我们想达到的目的是什么?用户能从中得到什么好处?产品能从中得到什么好处?

2. 用户

目标用户是谁?新用户还是老用户?活跃用户还是轻度用户?有效引导的前提是确定目标人群,对症下药。

第一章 设计基础

上图为云音乐改版后的页面,新页面将"歌单新建与管理"按钮从页面左上角移动到歌单分栏的右侧后,给予相应的引导提示。这样做是为了防止老用户因使用习惯而找不到功能,对新用户则没有必要展示。

3. 场景

被引导对象的使用场景是怎样的?在什么场景下用户需要引导?

在"扫一扫"功能中,易信和微信都很贴心地引入了照明功能,这样做的目的是让用户在光线不好时能完成扫描操作。

上图左边是易信的界面,"照明"按钮默认显示在取景框下方,位置选在页面中间原本是为了方便用户发现。但现实情况是:由于大多数时间用户都用不着照明功能,久而久之就对按钮"视而不见";真的遇到光线不好的情况时,反复尝试无果后才意识到要去开手电筒,然后眼睛开始飞速地在屏幕上找按钮。

相比之下,微信对场景进行了细分处理,光线理想时不显示照明功能,当设备检查到环境较暗时,"轻触照亮"按钮便会出现。一对比便高下立见,微信不但保障了正常状态下页面的"纯净",按钮从无到有的闪现比默认常置更能引导用户完成操作。

所以,设计前我们不妨多问自己几个问题:
这个功能真的很有必要引导和提醒用户吗?
这个功能希望被谁看到?是所有用户还是部分用户?
在什么场景下提醒用户最合适?功能是否真的能帮到用户?
……

通过简单地梳理,可以让你的设计思路更加清晰,甚至可以将之前零星的方案升华为一个设计主题来思考。

引导的生命周期

生命周期是指事物从出现到消失的整个过程,产品会随时间推移而改变。引导设计是一个过程的设计,就像故事一样有它的起因、经过和结果。用户引导的生命周期可以分为触发、展示、消失。

1. 触发

触发即引导出现的时机和方式。是用户打开程序时触发？是用户到达特定页面后触发？还是用户操作了指定功能后触发？抑或是到了某个时间点或达到了某个指标后触发？

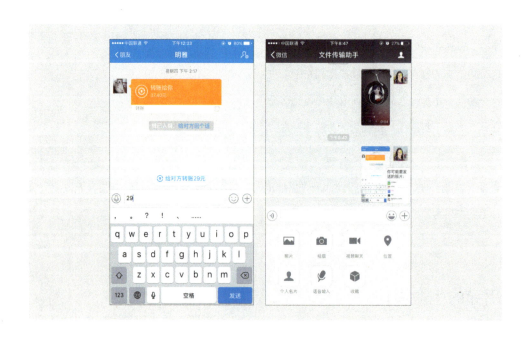

使用支付宝转账时你或许也遇到过这样的情况：在对话页的输入框内键入金额，点击"发送"按钮后却发现发送的内容竟然是文本信息。支付宝的设计师可能也嗅到了这个痛点，于是将

此操作优化为当检测到用户输入了纯数字时,便在键盘上方触发一个"给对方转账 n 元"的提示。

上面右图是微信预知引导发图的提示,当 App 检测到相册里有新增图片时,一定时间内点击微信的"+"按钮,就会触发一个发图的小浮层。此引导形式也被很多应用模仿学习。

2. 展示

展示就是引导展现在用户眼前的方式。就跟生活中形形色色的人有着不同的高矮胖瘦、穷富美丑一样,展示方式也各有特点。成功的手游在引导形式方面都做得很棒,在一个脱离现实的全新世界,如何让用户在开启 App 后的最短时间里了解游戏规则、知道操控游戏的交互方式几乎是产品的生死关键。因此,各个手游在引导展示形式上也做足了功课,并不会简单地拿"点点点"的方式或者图文单向传递的形式去引导新用户,而是使用互动性强的教学引导方式。

3. 消失

消失即结束整个生命周期的最终方式。我们可以将消失分为自动消失和被动消失两种形式,二者的区别在于是否需要额外的干预。即便同为被动消失的引导,用户对其的干预程度也不尽相同。

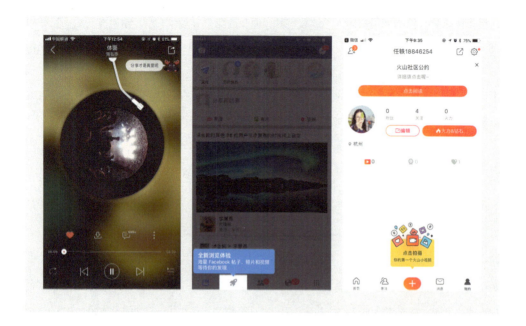

上图从左到右依次为：网易云音乐的播放页右上角对歌曲的分享引导，气泡会在几秒钟后自动消失；Facebook 改版后对新增 Tab 的引导，用户点击任何区域都可以消除当前的遮罩提示；火山小视频中拍摄作品的引导，只有当用户真正创建了一个视频后，提示才会消失。

引导的形式

1. 引导页

引导页用于 App 下载 / 更新完成、第一次打开后，用来向用户展现产品中的功能和操作方法。通常用户对信息吸收的效率并不高，用户更希望赶紧体验产品而不是看这些教导。因此，引导页的数量一定不要过多，页面信息简明扼要、中心明确才是王道。

2. toast 提示

toast 是一种极为轻量的提示方式,通常作为功能操作后的反馈。toast 出现的时间都很短,不要指望用户能真正注意到你在讲什么。不要将其用作重要对象的引导形式,toast 大多是可有可无或是会反复出现的,因此,语言精练也是必要的。

3. 气泡 / 浮层

气泡 / 浮层式引导是一种量级很轻但是目的性很强的引导方式，其一般是半透明浮层结合文案的设计模式。大部分浮层模式带有指向性的箭头，可以用来提示重要功能或者隐藏操作，气泡 / 浮层通常是非模态的，显示 3~5 秒后自动消失，对用户的干扰较小。也有一些重要功能使用模态浮层，需要用户明确操作后才能隐掉。

4. 页面遮罩

遮罩式引导为一种比较强势的引导，通过直接盖住界面来强调当前需要引导的内容。一般遮罩层为半透明，在此图层上，通过各种图形结合被盖住的界面内容，引导用户聚焦到重要的信息。遮罩式浮层无法自动消失，需要用户操作（指定操作 / 非指定操作）后才能隐掉。

5. 嵌入式（局部嵌入／整体嵌入）

嵌入式引导分为局部嵌入和整体嵌入两类。局部嵌入就是在当前页面内容上增加引导提示，为了保证对象不被埋没在信息流中，有效地引起用户注意，需要从视觉上做处理。整体嵌入则是将引导作为一个整体代替页面内容的显示，譬如用户最初使用 App 时，许多界面都呈现出"空状态"，所以很有必要将空状态纳入用户引导流程中。嵌入式引导可以让用户有所期待、体会到内容的重要性，满足用户获取内容的需求。

6. 操作示意

操作示意常采用简短的动画向用户展示操作方法，但也不乏静态图片配以描述的方式。这种方法的好处是很直观，用轻松浅显的手法就能传达给用户新鲜的功能和趣味的用法，其比生硬的文字来得更体贴。下图为网易云音乐歌曲播放页的查看歌词示意动效。

7. 互动式引导

互动式引导通常比较隐蔽，是在用户与产品互动的过程中引导用户完成操作。互动式引导是用户在使用过程中，进入特定的环节、进度时触发的一种提示，它不会按照一定的顺序出现，所以不同的用户碰到这些提示的时间、场景不尽相同。常见的如下拉刷新、底部上拉等手势互动。互动式引导也经常发生在语音操作中，例如用户使用麦克风的过程中，界面随着用户的声音输入而产生互动。

8. 弹窗

弹窗与遮罩式引导相同，弹窗也能达到很强的引导效果且对当前操作具有很大的阻断力。弹幕通常以文案搭配具体操作的形式呈现，可辅助搭配图片烘托主题。需要用户有明确的选择后才能关闭弹窗。

9. 自体变形

自体变形是元素自身发生改变，自体变形可以是纯视觉上的也可以配合动画效果。它没有额外增加其他元素，也不会像膏药一样覆盖在页面上，只是通过效果变化实现与同组的其他元素产生区分的效果。如下图淘宝首页中天猫国际的 LOGO，通过改变自体形态的动画效果达到吸引用户注意力的目的。

引导的强弱

根据出现时是否有阻断、消失时是否需要操作，我们可以划分出强弱不同的引导提示。强引导会阻断用户当前的使用且需要有指定的操作才能消失，以此来获取用户百分之百的注意力。弱引导出现时不一定能让每一个用户都注意到，或者不需要让所有用户完整地了解。这样的提示不会阻碍用户当前的阅读和操作行为，还可以自动消失。

单从形式来说，互动参与 > 视频 / 动态图文 > 静态图文 > 文字。实际项目中我们需要综合考虑产品的各个功能业务，业务信息越复杂、越重要的选择优先级越高的形式，千篇一律的强势或过于保守的弱势都会引起反感或者被用户忽略。

想要起到有效的提示作用并非只能从形式上做文章。类似 toast、浮层这种稍纵即逝、很容易错过的引导，可以通过增加出现的次数和频率来提升引导的强度。频率是指单位时间内完成周期性变化的次数，频率是确定了引导的触发点和形式后，另一个不可忽视的思考要素。可以根据功能的重要程度和记忆负担两个维度去思考使用怎样的引导设计。

在网易云音乐的最新版中，我们引入了截屏分享功能。虽然分享浮层出现 3 秒后会自动消失，但为了防止每次截屏都出现浮层给用户带来干扰，我们在设置页里加入了功能开关。那么问题来了，如何告诉用户有开关这件事情呢？

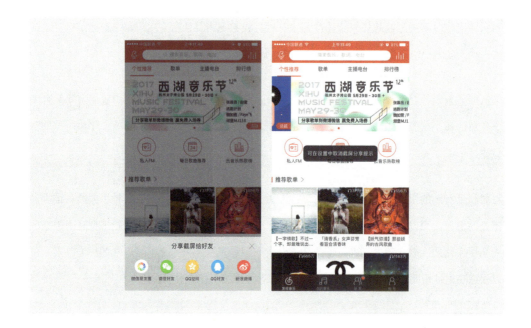

很显然，这个提示功能属于重要程度低但用户容易遗忘的象限。我们的做法是：功能上线后针对所有用户，首次手动取消浮层时（点击浮层右上角的"×"、点击半透明遮罩）即 toast 提示"可在设置中取消截屏分享提示"，之后每累计手动取消 3 次提示 1 次。

注意事项

1. 保证引导的有效性

用户引导是对产品内容以及形式的辅助说明，存在即要有意义。

2.触发场景准确

用户在浏览/操作时都有一定的使用场景，根据场景触发相应的用户引导，寻找正确的时机，为用户提供最重要的引导提示。

3.简单易懂，突出核心

不论什么类型的引导，它们的目的都是让用户更好地去使用产品、降低认知和学习的门槛，一次一个更容易理解和掌握，复杂烦琐的内容会给用户带来压力进而使用户失去耐心，内容也很容易就被遗忘。

4.与产品基调一致

用户引导的视觉风格、语言表达要与产品定位、产品理念相一致。在因地制宜的前提下要保证全局的一致性，切忌没有克制地随意发挥。这样做的好处是可以让用户在看到引导的时候对产品有一个大致的基调认识和感受。

引导是存在于被引导者和目标之间的桥梁，使二者建立关系从而让被引导者快速接近目标。它是应用设计流程中一个非常重要的环节，承载着用户和产品之间不同的愿景和目标。如果不想将你的"贴心"变成"阻碍"，一定要考虑好目的、场景、用户三个要素之间的关系，因地制宜选择合适的出现、展示、消失方式，根据被引导内容的重要程度和记忆负担来权衡引导的强弱与出现频率。

用户引导是什么：是在对的时间遇到对的你。

02

从案例中学习如何突破设计中的固有思维

 张书超

随着工作时间的推移,设计师会在知识、方法和经验方面逐渐形成个人定式。它们在一定程度上能够帮助设计师迅速解决问题、提升工作效率。然而,随着这些内容在设计时被反复使用,设计师会形成比较稳定的、定型化的思维路线、方法或模式,也就是固有思维。这种固有思维会带来消极影响,无形中妨碍设计师采用新的方法,并束缚设计师的创造力。那如何才能突破设计中的固有思维呢?这里我们通过工作中的实际案例以及网易系产品中有趣的设计来一同探讨。

竞品：先立—后破—再立

我们团队曾设计过一款相册和时间轴类型的产品——小团圆，它的定位是用相片和视频记录家庭生活的美好瞬间，帮助年轻妈妈记录宝贝的成长。在进行了大量竞品调研和用户研究后，我们得出产品设计的关键：使用照片的拍摄时间和地点进行记录，以方便妈妈们回溯。然而，竞品所带来的固有思维最终导致我们的设计与竞品没有多大差别，因为我们只做到了"先立"。而马蜂窝也有类似的功能（下方左侧图片所示），从图片的对比（左侧马蜂窝、右侧小团圆）中可以发现：用户更容易理解马蜂窝的拍摄时间和地点。

因此，想要突破竞品带来的固有思维，就需要在研究竞品之后果断抛开竞品，再基于本身的需求来设计，并将设计方案与竞品进行对比、分析，来发现设计方案的优劣，即：先立—后破—再立。

用户操作效率：能不能再快一点

当多数产品的消息提醒红点都需要一级一级地点击进去时，网易云音乐并未如此设计，而是点击账号 Tab 即可直达要提醒的消息，如下图所示。

就像上面的案例带来的信息一样，要经常思考能不能帮助用户更快地操作，也许再快一点，就是一次微小的创新，例如：更快地发起群聊，更快地发布动态，更快地随手记录，更快地回到导航，更快地从朋友圈回到聊天会话等。

当有意识地去思考能否帮助用户更快地操作时，设计师就已经开始尝试突破固有思维，寻求比其他产品更有效率的用户体验了。

不一样的设计：普遍与特别

当很多产品的新手引导都是通过几个界面展现时，有些产品会选择用视频传达品牌形象和情感；当有些产品使用视频时，网易有钱通过"对话式"的新手引导使用户快速了解产品功能和用途，如下图所示。

而当很多功能引导都是"一个小气泡显示某界面元素是什么"时，网易邮箱大师引导用户直接在功能中学习（下方左侧图片所示），马蜂窝则将产品目标和情感都融入引导中（下方右侧图片所示）。

好的设计方案不是普遍的,因此,尝试多去思考一些不一样的设计,能够帮助我们跳出思维定式,产出更特别的方案。

变化:"这个"能不能变成"那个"

用户在网易云课堂 App 的首页中点击首页 Tab 可直接跳至"每日新知"模块,而 Tab 则变成了回到顶部的图标,如下图所示,自此,它就变成了个性化推荐的快捷入口。当很多产品的底部 Tab 都是静止不变时,不妨思考一下它能不能变化?可不可以成为其他的功能来帮助用户或产品达成目标?

第一章 设计基础

当易信"晒一晒"需要解决露出更多评论的问题时（下方左侧图片所示），我们发现自己可能早已被顶部 Bar 的固有思维所束缚：可不可以没有 Bar？如果一定要有，一定只能显示页面标题吗？在前文提到的网易邮箱大师的案例中，已在 Bar 上设计了"新建待办事项"的按钮，下方右侧图片所示的马蜂窝的案例则直接为了露出更多内容而取消了 Bar 的显示。

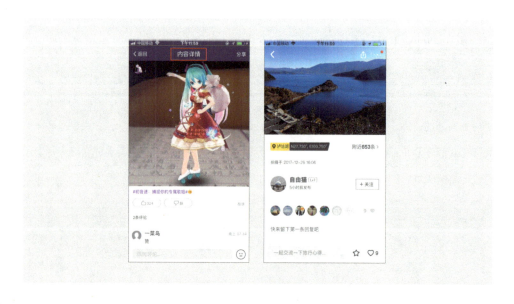

因此，只要打破固有思维的束缚、放飞想象力，"这个"就可以变化为"那个"。

表象和根源：寻求背后的原因

我们曾调研过游戏用户匹配的设计，发现很多游戏都只有"快速开始"按钮，而不是进入房间进行等待。如果只看到表象的"快速开始"，不挖掘按钮背后的根源，就会简单地以为只是简单地随机匹配。其实，每一个游戏都在为了满足不同层次的游戏用户的体验，不断优化着匹配算法。而不进入房间，也是为了追求更快速开始游戏的方式，从而尽量减少用户的等待时间。

同样，在易信的实时随机视频功能中，我们的设计是主动寻找其他用户（下方左侧图片所示），而国外产品Monkey则是等待其他用户（下方右侧图片所示）。这背后的根源是中西方人群的差异，还是两种模式带给用户心理感受上的差异，抑或是技术实现上的问题？如果只是看表象，不寻求背后的原因，就容易被表象所束缚，无法设计出最合适且优秀的方案。

第一章 设计基础

情感和贴心：最独特的温暖

情感化是每位设计师都应该对自己提出的要求，它往往能带来独特的温暖，也能够通过设计使用户对产品的刻板印象消失，如网易蜗牛读书的读书境界（下方左侧图片所示）和网易严选的边角体验（下方右侧图片所示）。

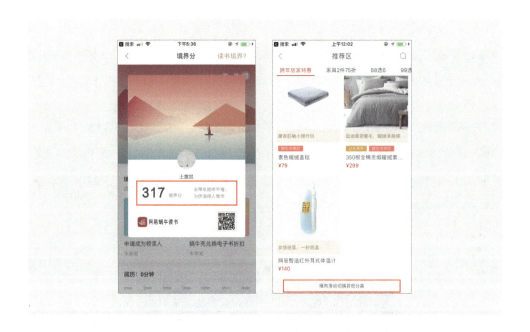

情感化设计需要设计师能够有意识地去思考每一个设计带给用户的心理感受，以及能不能温暖到用户。浅层次的锻炼可以从文案、视觉表现和场景出发，而更深层次的情感化则需从产品整体体验的角度出发，去思考产品能够带给用户的价值和感受。因此，在思考情感化设计时，设计师已经完成了思维的突破。

空白空间：还有哪里可以利用

就像"能不能再快一点"一样，能不能有更多的空间可以利用呢？

网易Lofter（下方左侧图片所示）通过充分利用消息Tab的空白空间来露出专题内容，吸引用户点击进入查看的同时，能够在一定程度上提升相关的产品数据。而网易蜗牛读书（下方右侧图片所示）则通过利用列表右侧的空白空间，在"我的书评"的右侧露出"写书评"按钮，使用户在需要写书评时无须进入其他界面，进而提升了用户的操作效率。

不过，空白区域的利用可能会或多或少地影响界面的整洁，因此，设计师需要合理评估和把控，以便在满足产品需求的同时提升用户体验。其实，界面本来就是一张白纸，就看我们如何挥洒最独特又美好的笔墨。

多样方案：可以有多少种布局

当设计易信聊呗的话题主页时，依据固有的思维设计出的方案和很多兴趣型产品的主页非常像（下方左侧图片所示）。然而，话题主页可以有多少种布局方式呢？下图中的 Same 和黄油相机给出了更多的布局方案（下方中间、右侧图片所示）。

其实，设计方案可以是多样化的，通过固有的思维来设计产品可能不会产生特别多的问题，但也不够创新。只有探索足够多样化的方案，才会形成新的设计经验和方法。

结语

以上探讨的突破固有思维的思考点也许能帮助设计师在设计的过程中不断突破自我，不过在实际工作和设计中，还可以总结出更多的思考点，这就需要每一位设计师不断反思。然而，笔者认为无论是否在设计领域工作，都需要突破固有思维，其核心包含以下几个层面。

跨界知识的学习——不断学习和交流熟悉领域的知识，同时，跨界知识的学习能够带来另一个体系下的思考方法、经验和知识，因此可能会达到事半功倍的效果。

探索事物的本质——在一个问题上不断深入地问"为什么"能够帮助设计师探索事物的本质，只有明确了解事物的本质后，才能真正突破固有思维，不被原有的表象所束缚。

保持好奇心，培养同理心——好奇心是我们学习以及寻求知识的内在动力之一，也是创造性人才的重要特征；而同理心能够让我们在与人或用户打交道的时候理解对方，而不是故步自封。

因此，在合适的场景、时间和项目中，应该最大化地发挥固有思维的积极作用，尽量避免它的消极作用，与此同时，通过好奇心和同理心不断学习知识并挖掘问题的本质，才能真正平衡设计、工作甚至生活。

03

你不知道的色彩密码

 李俊侃

什么是色彩平衡

配色、排版、字体是设计中最重要也是最基础的三大必备技能。任何一个因素都会影响最终的视觉呈现。在设计中,色彩是整个画面中最能影响用户的情感的因素,初级设计师都对配色的基本原理有所了解，但在实际工作中对色彩的应用并不得心应手。本篇文章将带领大家探索未知的色彩世界。 先来看一个颜色。

请你紧盯红色圆形 10 秒，再看空白区域，你会发现有什么不同吗？是否会出现一个新的颜色呢？

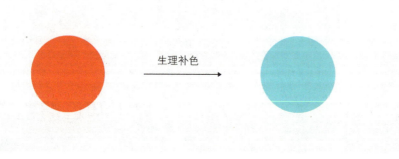

是否有一个青色的残影？为什么会这样？因为人类的眼睛需要看到完整的东西。当人的视觉受到一定刺激后，心里就会产生平衡这个色彩的渴望。人类需要通过看到这个色彩的补色来平衡自己的心理需求。

平衡的色彩关系是心理和生理的渴望。

下图因为只用了一个红色系,并且都是暗红色,画面因此变得阴森、恐怖和诡异。

下图运用了生理补色,整体画面因此变得美观、自然和舒适。

第一章 设计基础

如何才能做到色彩平衡

1.冷暖色的平衡

绝对冷暖　　　　　　　　相对冷暖

冷暖平衡分为绝对冷暖和相对冷暖。

什么是绝对冷暖

绝对冷暖就是一眼就能看出颜色的冷暖差异,比如偏红是暖色,偏蓝是冷色。下图是最常见的晚霞,我们会觉得很美,晚霞是天然的冷暖色平衡。所以,冷暖色的搭配符合自然平衡的规律,而符合人类审美习惯的配色会让人心情更愉悦。

在设计与绘画中将冷暖色分为三种色调：

①暖色调：红色、橙色、黄色。

②冷色调：青色、蓝色。

③中性色调：紫色和绿色相对中性，因为它们偏冷暖的调性不强，紫色介于红蓝之间，绿色介于黄蓝之间。

冷暖色的搭配是情感的表达，当我们有意识地将画面进行冷暖平衡搭配时，我们的视觉就能得到满足。

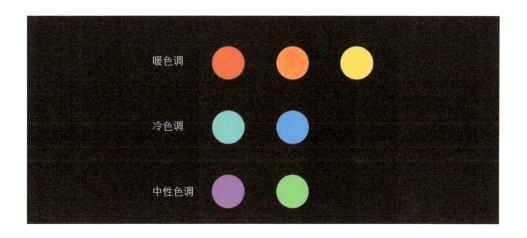

而其中的比例关系需要设计师根据情感去调整。比如上面两张图，左图过于冰冷，而右图加入了一点点的暖色就让整个画面具有和谐感和真实感。如果需要一个性张扬的冷暖配色，就可以将各自的比例放大，比如下面这张图。

大面积地使用冷暖对比色会使情感更夸张。通常使用饱和度较高的冷暖搭配会使产品变得更炫酷。

了解色彩学的人应当知道色彩空间是通过冷暖对比去调节的。上图是作者十几年前学画时的一幅作品,大家有没有发现,后景偏冷一点,前景偏暖一点呢?

设计中的道理也是一样。下图是笔者在工作中的两张设计稿,在设计时运用了冷暖配色,背景冷、前景暖,信息可读性也会更强。

什么是相对冷暖

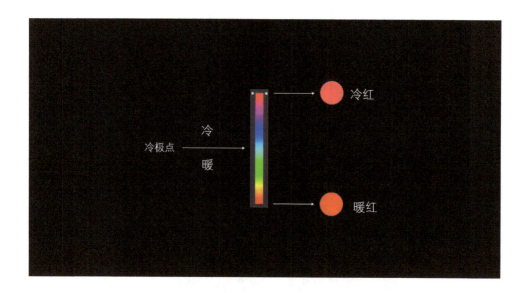

上图是 Photoshop 的色相盘，最中间的是青色，也就是这个色盘的冷极点，当上面的红色往下走时，色温越来越冷，走到冷极点后，再往下走则色温越来越暖。所以上面的红色偏冷，也就是冷红，下面的红色偏暖，也就是暖红。我们用一个案例来说明一下。

淘宝 App 的首页有两个入口："拍"和"菜单"。取色时你会发现：红色是偏冷的红——"冷红"，蓝色是偏冷的蓝——"冷蓝"。

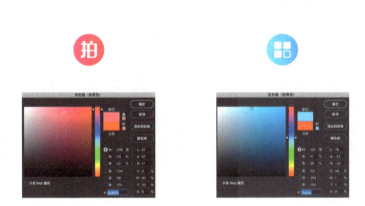

有些设计师在一些细节上使用的颜色会不在同一个色调上，此时就应该检查一下同一个属性的内容的颜色是否都在一个色调里，上图就是一个正确的例子。除非是为了突出某些内容，否则不要刻意去做"暖红"配"冷蓝"。

冷暖色小结：冷暖色在设计中的应用应注意比例、轻重、色环位置，最后呈现是否符合人们眼睛和心理上的正常感知。

2. 互补色的平衡

互补色也是对比色，色环 180°左右的两个色区为互补。注意是"180°左右"，因为颜色不是绝对的。

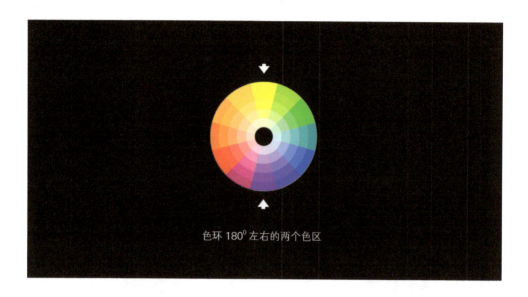

色环 180° 左右的两个色区

部分人会觉得下方左图设计得还不错,因为配色很和谐,但重点是设计师想表达什么内容呢?是好好吃饭?还是袋鼠的眼镜?又或是整只袋鼠?事实上,当一种颜色在画面中过多时会造成缺失感。

很多设计师在做推广设计时经常会遇到一些问题，需求方要求突出产品或是文案，抑或是两者都要突出，在这些推广中，所有内容都属于性格张扬的画面，如果将背景与产品文案用互补色平衡的方法，来调节补色的明度和饱和度，这样你的页面就会很"跳"。

下侧左图运用同色系和黑白平衡的关系将人物剪影和主题文案突出并且颜色之间相互不干扰，对比强烈。如果使用互补色（绿色和红色）会产生什么效果？下侧右图是否比左图更有张力呢？两种方案都是很不错的选择，单就色彩张力而言，笔者更倾向右图的色彩搭配。

将上文提到的"相对冷暖"运用到"互补色平衡"中，可以实现暖红和暖绿的互补搭配，例如下图的圣诞节海报。设计师可以通过改变色彩的明度、饱和度来调整画面的强弱和心理情感。

如果你喜欢酷酷的感觉，可以使用冷红与冷绿的搭配；如果想要少女系的效果，那就采取粉红与粉绿的搭配。

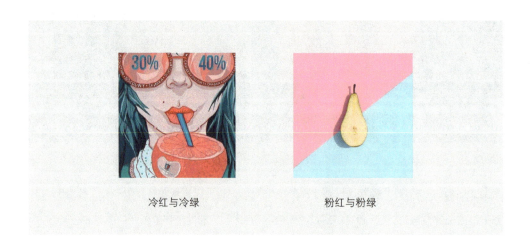

冷红与冷绿　　　　　　　　　　粉红与粉绿

互补色小结：互补色能补充色彩情感表达的缺失感，调节互补色的明度和饱和度能改变情感走向。任何产品都可以使用互补色平衡的方法，通过加入多种色彩互补关系，丰富内容的同时加强情感表达。

3. 深浅色的平衡

深浅色用得最多的是渐变，渐变是为了让画面更通透和具有层次感，但渐变也要讲究色彩的韵律，并不是随意的。

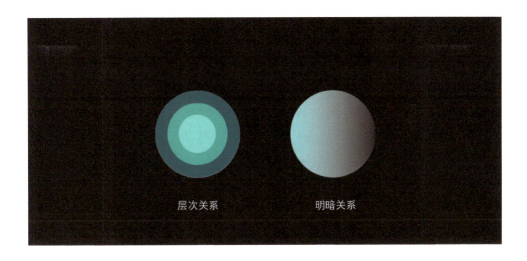

纪念碑谷火爆的一个原因就是 App 使用了很多深浅色的配色方法来丰富画面的层次。

这类深浅色被称为单色深浅色，只需调整色彩明暗就可以做出不同程度的渐变。所以，在单色里也可以做到不同的层次关系和明暗关系。

单色深浅

下图是一个深浅色的调色板。

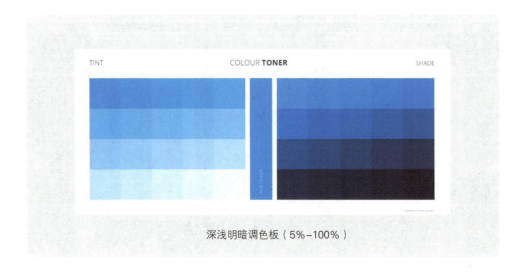

深浅明暗调色板（5%–100%）

比如制作按钮状态，添加 10% 的亮度得到一个 hover 的状态，降低 10% 的明度得到一个点击状态。切记深浅平衡并不是用透明度去调，用透明度去调不专业且颜色会有偏离。

深浅色运用的地方很多，比如在 PS、AI 的软件欢迎页中就有所运用。左深右浅，背景深、文字浅，如此的对比关系能够拉开信息的层次。

多色深浅

多色深浅通常用相邻色的不同深浅去搭配,比如黄绿色。

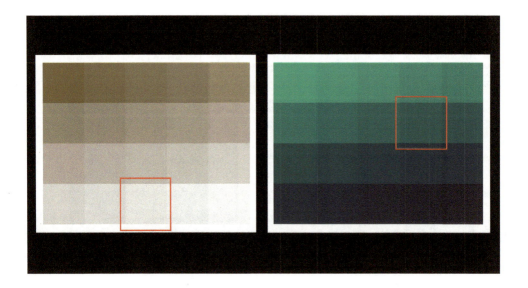

可以提取浅色的黄和偏深的绿色进行搭配运用到设计中,或者将浅色的黄和深色的红搭配,如无印良品的海报。

深浅色小结:深浅色可以调节画面节奏感,使画面层次更加丰富。我们可以通过调整两个对比色之间的明度、饱和度来控制画面的比例。

4.黑白灰的平衡

一个完整的画面中应该出现黑白灰的三种平衡关系。最亮和最暗是这个画面中最极端的点,灰色则是黑白之间的比例。那么在设计中该如何平衡黑白灰呢?

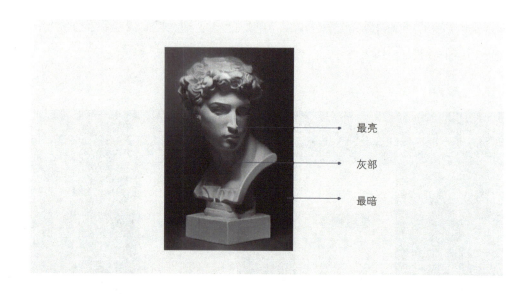

将 RGB 的色盘调成灰度模式，可以发现蓝色是最暗的，青色和黄色是最亮的，越靠近蓝色的色系越暗，越靠近黄色和青色的色系越亮。

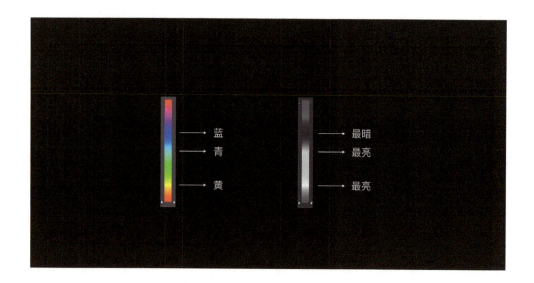

将红、黄、蓝、绿放在黑色上对比，效果明显。黄色是最亮的，绿色次之，红色偏灰，蓝色偏暗。

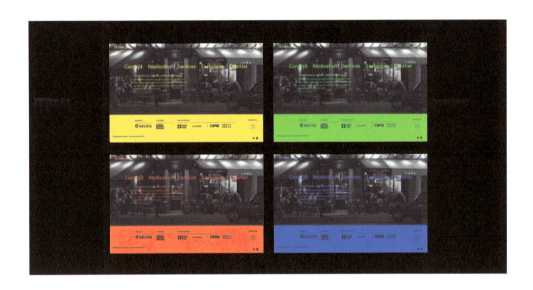

当一个画面产生多种颜色的时候，除去中性色，就可以利用这个平衡法则让三种颜色处于黑白灰的稳定关系。

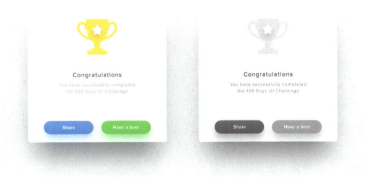

相同原理，下图画面看似颜色多且复杂。除去中性色之后，其实蓝色是最暗的，青色是最亮的。设计师在做渐变时是按照黑白灰平衡的原理，所以渐变出来的颜色不会乱，很有韵律，因此它的配色也是成立的。

回到之前互补色的案例，尝试用黑白灰的平衡法测试一下，看看会得到什么样的效果？

从图中可以发现红、绿都是灰色。因为直接用红绿互补时,画面会很刺眼。这时需要中性色(黑白)的介入去控制画面的平衡,这样的红绿互补才会成立而且更美观,比如以下案例。

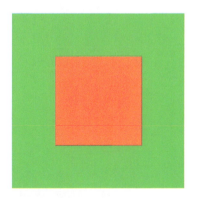

当在绿色上面加红色时,是不是非常刺眼和难受?但加上黑白之后,刺眼程度是不是被削弱了呢?

黑白灰小结:黑白灰的平衡能有效把控色彩的稳定,帮助控制互补色的不平衡。通过灰度模式可以检测画面的黑白灰的层级关系和比重。

最后

接下来问几个问题:你是否觉得这些都要出现在画面里呢?是不是一定要用绝对的互补色?是不是都要大面积出现?

笔者认为每个概念都是相对的,因为色彩是感性的体验,设计师要根据产品的具体需求来赋予它们该有的色彩。设计师需要不断去看、去摸索、去练习。

没有不好的颜色,只有不好的搭配。色彩是设计中最具有表现力和感染力的因素,它通过人们的视觉感受产生一系列的生理和心理感受,唤起用户不同的情绪。

最后,有些配色的网站送给大家收藏。

https://uigradients.com/　　http://zhongguose.com/　　http://colorhunt.co/　　https://webgradients.com/

04

图表设计——远不止"好看"这么简单

王强

图表设计的过程是将数据进行可视化表达的过程,其研究对象的源头是数据。然而,数据本身的价值并不大,所谓的"数据"往往是由一些看起来有用和没用的"数字"组成的,用户很难从这些散乱的数字中发现有价值的信息。所以,只有把这些"数字"与商业目的、用户动机进行有机组合、关联或定义才能使得数据变得有意义(价值),图表只是最终的表现形式。

交互设计师在进行图表设计时，就是要把这些宝贵的数据资产变得触手可及，从而充分发挥数据的力量。

数据可视化

上文提到，图表设计实际上就是数据可视化设计，在谈图表设计之前，我们先来理解一下数据可视化的概念。

> "数据可视化的目的，是要对数据进行可视化处理，以使得图表能够明确、有效地传递信息。"
>
> —— Vitaly Friedman

通俗一点讲，就是将复杂的数据信息进行图形化展示，目的是方便用户更高效地理解或分析一堆杂乱无章的数据，让花费一小时才能理解的数据信息变成一眼就能看懂的图表。

然而，好的可视化设计一定是集易读、易分析、美观且突出数据价值为一体的，其最终让数据变得更加简单，方便人们交流。反之，不好的可视化设计不仅让数据变得更复杂，而且还会带来错误诱导。因此，如何让数据分析变得轻松、流畅，让数据变得易读，从而提高用户的工作效率，降低用户的工作负担是设计师的重要责任。

图表由哪些元素构成

一张标准样式的图表基本上是由下图标示的几种元素组成，除此之外，还有一些特殊的图表（如：3D类图表由背景墙、侧面墙、底座等图表元素组成）。对于图表本身在此不再赘述，设计人员都有基础知识,本文将尝试从图表设计动机的角度和大家一起探讨如何更好地进行图表设计,从而达成设计目标。

图表设计的过程

1. 明确数据指标

首先,我们得先搞明白这些数据是怎么来的、数据是用来做什么的,如果连这个都不清楚,就会很难展开接下来的讨论或设计。数据是做好图表设计的前提,毫无疑问,一连串的数字对于设计师来说是枯燥无味的,不过,前期的数据收集工作有人已经做好,设计师只须要求提交的是尽可能精准的数据即可,不精准的数据会导致接下来的工作毫无意义。因此,当初步接触数据时最好能够解决以下几个问题。

• 理解数据及指标。

- 分析数据。
- 提炼关键信息。
- 明确数据关系及主题。

下图这份报表比较容易理解,初步分析可以看出这是一份不同品牌的手机每天在全国的销售情况,进一步分析还可以看出销量越高的地方,退货量越少,营收也越高,投诉越少,评价也越好。由此得出,城市、销量、退货量、营收是关键指标。当然,前面这些信息是我们通过表格本身的数据信息分析得到的,但是,我们并不知道用户关注的是哪些数据指标,用户关注的有可能是不同城市的营收状况,也有可能是退货情况,还有可能是不同手机品牌的销量对比。所以,需要进入下一步——为谁设计,用户想要什么信息。

品牌	时间	城市	销量(W)	退货量(个)	售后投诉(条)	营收(W)	综合评估
手机1	2017.07.01	福建省	100	1058	100	2589.24	好
	2017.07.02	江西省	78	224	1245	2232.87	好
	2017.07.03	山东省	120	2000	324	3506	好
	2017.07.04	河南省	67	145	34	1023	差
	2017.07.05	广东省	124	8887	455	3668.17	好
	2017.07.06	广西省	24	1247	674	589.78	中
	2017.07.07	海南省	36	1230	45	666.87	中
	2017.07.08	贵州省	44	340	434	712.15	中
	2017.07.09	云南省	25	454	563	888.13	好
	2017.07.10	重庆市	11	1230	231	326.17	差
手机2	2017.07.01	西藏	8	126	45	124.17	差
	2017.07.02	陕西省	20	1011	070	222.14	差
	2017.07.03	甘肃省	105	456	564	2506.13	好
	2017.07.04	青海省	123	789	54	3015.15	好
	2017.07.05	宁夏	111	564	56	2230.1	好
	2017.07.06	新疆	14	753	453	200	差
	2017.07.07	香港	206	983	454	4506.17	好
	2017.07.08	澳门	10	378	123	136.17	差

2. 为谁设计,用户想要什么信息

需要明确的是,同一组数据在不同用户眼中所看到的信息是不一样的,因为角色、岗位的不同造成了不同用户所关注的重点、立场不同,从数据中发现的信息、得出的结论也是不一样的。所以,在图表设计时面对不同的使用者所强调的信息及交互方式都是不一样的,影响图表设计的主要影响因素包括如下几点。

- 用户群体是谁？有什么特点？
- 从数据中需要提炼的信息是什么？
- 通过图表想要解决什么问题？
- 关注的重点。

继续前文的例子。下面两张图片的表现形式虽然都是地图，但是强调的重点信息和展示逻辑都不同，左图强调的是某个品牌的手机在不同地区的销量状况，右图强调的是不同品牌的手机在不同地区的主导状况。

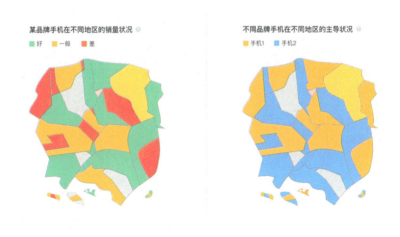

3.明确设计目标与价值

所有的设计工作都是围绕设计目标进行的，对设计目标的定义是一个源头性问题，设计目标的建立需要大家达成一致，设计目标不是一成不变的，但并不意味着一开始就没有，否则，"方向不对，努力白费"。

对于图表设计，定义设计目标时需要站在用户的角度和数据的角度进行综合分析。一方面需要考虑用户如何更简单地分析、理解数据从而提高决策效率；另一方面需要考虑如何将数据本身的价值更加精准、一目了然地传达给用户。

下侧左图展示的是各大城市的用户在进行网络访问时发生网络错误的情况，业务方希望产品使用者（运维人员）可以快速排查出哪些地域容易出现网络问题，从而进行下一步的优化工作。

通过图表我们可以发现广州的网络错误数是最大的，因此，判断广州这个地区存在比较严重的网络问题。表面上看这个结论没什么问题，但进一步分析用户的使用场景发现，上面的图表并不能很好地反映问题，理由是：①广州这个柱子永远都是最高的，因为广州的网络访问量本来就很大（基数大），发生网络错误的数量大很正常。②错误数大并不能完全代表那个地区是有问题的，比如，广州的网络访问量为 100 万次，其中网络错误数仅为 1000 次，网络错误率为 0.1%，这属于正常范围，表明这个地区的网络是没有问题的。

综上可以得出，衡量一个地区是否存在网络问题可以通过错误数和错误率两个指标进行综合衡量，即设计目标为：通过错误数、错误率两项指标的对比来帮助决策人员一目了然地发现某个地域的网络问题，如上方右图所示。

4. 规划设计方案，选择合适的图表类型

在工作中，一些同学在设计图表时把大量的时间用在寻找图表素材上，然而，这些从表面上找到的解决办法是解决不了本质问题的。数据可视化设计不是单纯的图表样式设计，虽然了解图表也很重要，但是，仅仅将数据变成漂亮的图表只是形式的改变而已，这是远远不够的。

当我们已经清楚了用户要做什么，有了明确的设计目标以后，选择图表类型是信手拈来的事。因为在选择图表类型之前，自己心里已经清楚了图表大致的效果（如呈现不同时间段的数据——用折线图合适；呈现市场份额比例——用饼图合适；呈现某个阶段某个数据出现的频率——用散点图合适），对于该选择哪种类型的图表，大家可以参考 Andrew Abela 整理的图表类型选择指南，如下图所示，有兴趣的读者可以研究一下。

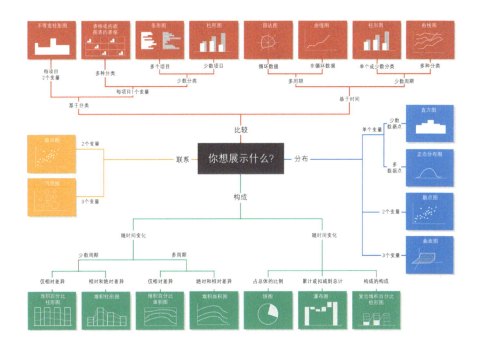

常见的图表类型基本涵盖了绝大部分的使用场景。

曲线图：用来反映时间变化趋势。

柱状图：用来反映分类项目之间的比较，也可以用来反映时间趋势。

条形图：用来反映项目之间的比较。

饼图：用来反映构成，即部分占总体的比例。

散点图：用来反映相关性或分布关系。

地图：用来反映区域之间的分类比较。

5. 细化体验

前面我们谈论了很多图表设计前期的事，接下来谈一谈图表设计过程中需要注意的几点细节。Dan Saffer 说过"最好的产品通常会做好两件事情：功能和细节。功能能够吸引用户关注这个产品，而细节则能够让关注的用户留下来。"

X 坐标轴

考虑到不同屏幕或浏览器的适配问题，当 X 坐标轴的标签文字显示过于拥挤时可将文字打斜放置，图例也可放置在底部（在不考虑纵向高度的情况下），这样既保证了数据的正常阅读也不影响图表的美观。

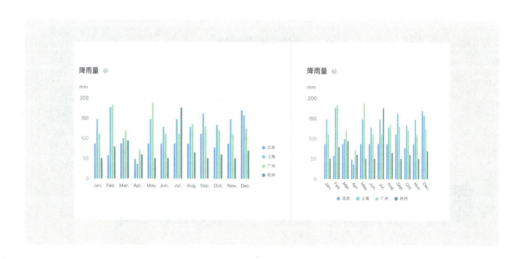

当 X 坐标轴的标签为连续的年份时，不要循规蹈矩地写成"2015、2016……"，可以用简写形式"2015、16、17……"，这样图表看起来会简单、清晰很多。

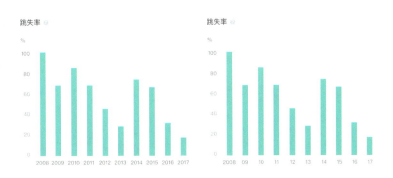

Y 坐标轴

当 Y 坐标轴的数字很长时，图表会出现左右空间过于紧凑的情况。这时，如果单位换算是 10 的倍数（如 1s=1000ms），可以考虑定义单位换算规则，即：

Case1：当时间 ≥ 1000ms 时，计时单位用 s 表示，数据精确到小数点后两位。

Case2：当时间 < 1000ms 时，计时单位用 ms 表示，数据精确到个位。

如下面两张图所示。

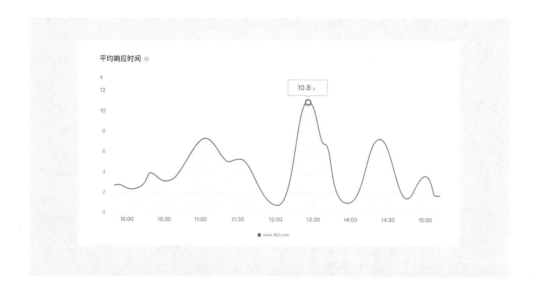

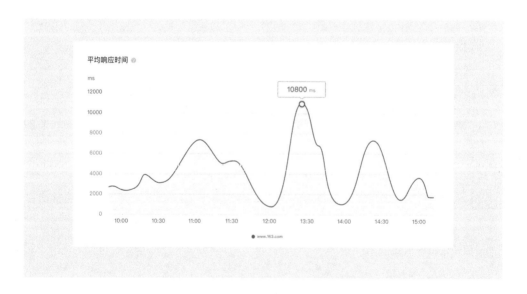

如果没有单位换算，单位是"次"或"个"时，可以考虑用位数换算，即：

Case1：当数字位数＜4时，用精确数字表示。

Case2：当 8 ＞数字位数 ≥ 4 时，用 K 为单位进行缩写表示，精确到个位。

Case3：当 11 ＞数字位数 ≥ 8 时，用 M 为单位进行缩写表示，精确到个位。

Case4：当 14 ＞数字位数 ≥ 11 时，用 G 为单位进行缩写表示，精确到个位。

Case5：当数字位数 ≥ 14 时，用科学计数法表示，精确到小数点后 3 位。

如下图所示。

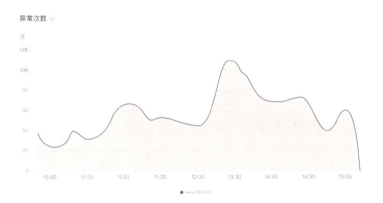

数据分布规则

如果没有制定明确的数据显示规则，就会出现下图所示的情况（后端传什么数据，前端就展示什么数据），这会导致图表展示效果和可读性都很差，如果要解决这个问题，需要定义规则。

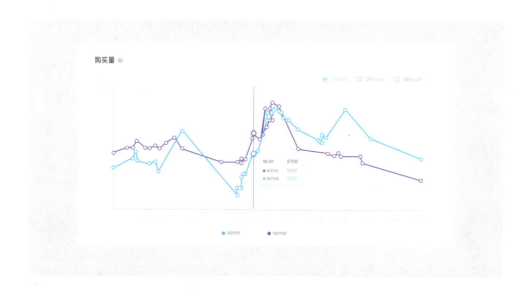

这里数据的展示和时间有关，所以，我们需要考虑的是某个时间段内展示多少个点才是合适的，而显示一个点由多长时间的数据聚合（点聚合区间是多少），具体如下表所示。

	时间范围	聚合区间	间断数	X轴	hover
自定义	3h	15min	12	h: min	date h: min
	24h	2h	12		
	48h	4h	12		

规则定义清楚后，后台与前端交互的时候就会按照以上规则进行，最终实现效果如下图所示。

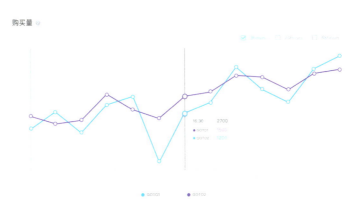

遵循设计原则

图表设计的价值在于精准、高效、简单地传递数据信息,最好能够让读者一目了然,即使做不到一目了然也应该具备自我解释的能力。所以,在设计时应该做到增强和突出数据元素,减少和弱化非数据元素,具体应该注意以下原则。

1. 删除

除特殊场景外,应尽量删除和数据无关的元素。
- 背景色。
- 渐变。
- 网格线。
- 3D 效果。
- 阴影效果(需要强调的具体操作除外,如:鼠标 hover 查看具体信息)。

2. 弱化

即使有必要保留的非数据元素，也要弱化或隐藏它们，尽量使用淡色。以下内容应该尽量弱化。

- 坐标轴。
- 网格辅助线。
- 表格线。

3. 组织

把相关的数据元素进行合理地组织分类，不要指望把所有的数据元素都放入图表内，只放关键的、重要的数据。

4. 强调

对于已选的数据元素也要考虑优先级，明确哪些数据是需要重点突出的来进行突出标识，以便使读者能够快速得到重要信息。通过上述原则对图表进行优化，图表最终变成了一个整洁有效的图表，如下图所示。

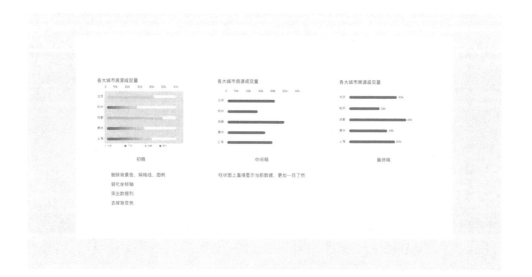

总结

图表设计的过程像是一系列将用户和数据建立对话的过程,作为交互设计师考虑的重点在于如何让复杂、混乱的数据更简单地呈现给用户,并且让用户能够快速、高效地理解,从而做出正确的反馈,最终构建一个回合的交互行为。

在进行图表设计之前,首先需要明确设计目标,定义目标的过程很容易被设计师忽略,在前期缺少对设计目标的思考往往会导致设计师说不清楚为什么这样设计,且接下来的工作也没有方向感。有的时候,设计方案被推翻,往往是由于目标不明确。其次,在表现形式上,好的图表设计对数据的表达应该是直接、干脆而又精准的,不要让读者去猜测图表信息,以确保信息传递的有效性,同时也要注重美观与细节。

作者编写过程中,参考了《Excel 图表之道》《数据可视化》《从物理逻辑到行为逻辑》等文献。

05
/
如何绘制一份交互稿

 崇书庆

- 交互稿应该包含哪些内容?
- 如何搭建一个合理的交互稿结构?
- 各个界面应该如何摆放?
- 清晰易读的设计说明应该是怎样的?

作为一位新人,往往很难完全弄清楚上述问题。笔者当初也是一样,在经历了很多次的试错和探索之后,最终才总结出相对合理的交互稿形式。当然,每位设计师都有自己的习惯,本文中的交互稿形式不一定适用于所有人,大家可根据自身的习惯进行取舍、优化。

具体而言,笔者将通过"解读一份交互稿模板"的方式,回答"如何绘制交互稿"这个问题。模板下载见文末二维码,文中提及的所有素材在模板中均有体现。本文适用于 Axure 软件制作的文档型交互稿(移动端)。

交互稿应该包含哪些内容

交互稿是否只需要包含设计方案即可?并不是!交互稿兼具设计展示、上下游协作、过程记录、版本管理几种作用,所以交互稿一般具有以下几点内容。

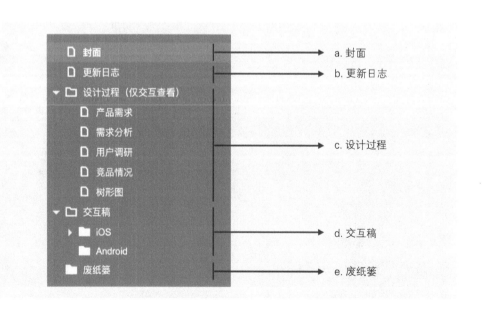

ⓐ 封面：用于记录版本号、人员、时间等信息。

ⓑ 更新日志：记录了交互稿的更新信息，在方便他人查看的同时也保障了协作的规范性。

ⓒ 设计过程：包含需求信息、设计资料记录、设计过程记录三方面信息，目的是让自己的设计过程更加结构化，也方便以后回溯设计、总结设计，此部分可依个人习惯取舍。

ⓓ 交互稿：交互稿的主体，内含流程图、界面图、设计说明等。

ⓔ 废纸篓：用于存放废弃的页面，以备后期使用。

如何组织交互稿结构

1.交互稿结构依赖于产品信息架构

首先需要说明的是："把所有界面放在一个画布上的无结构式交互稿"一定是不对的，这是很多新人经常会犯的错误。这种做法无法适应大型稿件，且开发人员在错综复杂的网状设计稿中寻找信息也会非常辛苦。

交互稿的结构总体上应该根据产品信息架构搭建。比如，下图是网易云音乐"本地音乐"模块的信息架构和交互稿目录，可以看出：右侧的交互稿目录基本由左侧的信息架构推导而出。这种一一对应的交互稿目录结构清晰易懂，便于他人阅读。同时也提高了设计效率，不用重新思考如何设定交互稿的目录结构。

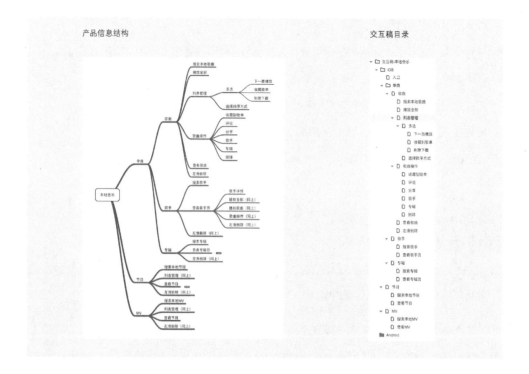

2. 交互稿结构原理

交互稿结构应当遵循"平台－页面－子页面"（这里说的页面不是界面,而是指"一页交互稿"）这样的原理,如下图所示。每一个页面中承载的对象有2种,一种是单界面,另一种是界面流程。

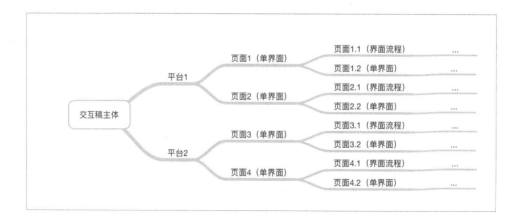

为了便于理解，我们举个例子。假设有一个"简版的网易新闻"，那么它的结构可能是下图这样的。

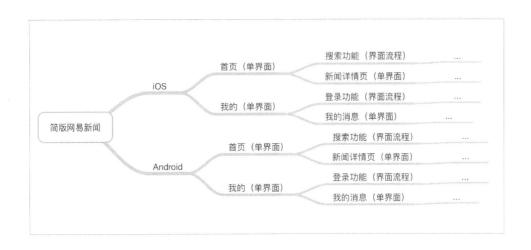

那么，什么是"单界面"，什么是"界面流程"呢？单界面相对容易理解，比如上图中的"首页"只需要在交互稿中放置一张"首页"的线框图即可，这就是所谓的"单界面"。那"界面流程"又是什么呢？其实就是多个界面的串联图，如下图所示。

什么情况下需要使用"流程界面"呢？所有 App 都是由界面组成的，而界面上的元素可以分为 3 类：内容、入口、功能。"界面流程"一般用来阐述一项"功能"，这是因为功能与内容和入口不同，往往需要"一连串操作"，比如登录功能、搜索功能。此时我们再看上文中提出的"交互稿结构原理"，就会很容易理解了。

每一页交互稿应该是怎样的

1. 每页交互稿的内容

一般而言，每一页交互稿可以具备以下几项内容。

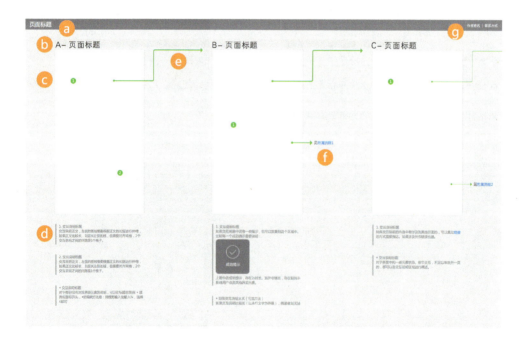

ⓐ 页面标题：建议使用"固定在浏览器顶部"功能让其常驻。
ⓑ 界面标题：方便交互稿中的互相索引，比如点击某个按钮会"回到界面 B"。
ⓒ 界面：建议尺寸为 360px×640px，长页面也可自行延伸高度。
ⓓ 设计说明：逻辑关系、元素状态、小微流程都可以放在设计说明中。
ⓔ 流程线：说明界面间逻辑关系，可使用软件自带的流程线。
ⓕ 链接：指向其他页面，比如支线流程，开发人员阅读起来会很方便。
ⓖ 作者信息：设计师的落款，方便他人联系设计师。

2.网格系统的应用

确定了页面内容后，内容的布局也很重要。布局不好会让内容显得乱糟糟、难以阅读。那么怎样处理布局问题呢？笔者设计了一个"网格系统"，可以让设计稿很有"秩序感"，如下图所示。具体而言，就是在 Axure 的"布局 – 栅格与辅助线 – 网格设置"中设置间距为 40px 的网格（40 是常见界面尺寸 320、360、640、1080……的公约数），然后尽量保证所有的元素贴齐网格即可。使用后你会发现，自己的交互稿变得井然有序、容易阅读。

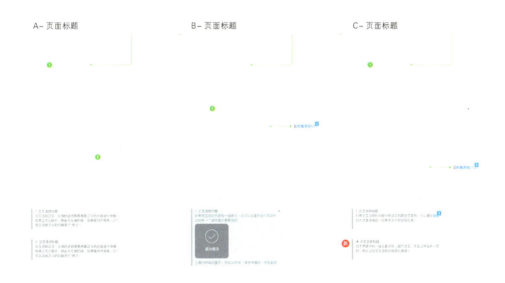

网格的另外一个优点是可以很高效地对齐各个元素，具体而言，可以通过选中元件，点击"Shift + 方向键"实现快速移动并对齐网格。

3. 每页只展示一条流程

每页交互稿应当最多承载一条"流程界面"，多出的流程可以新开子页面，从而保障每一页交互稿都是点状或者线状的，而不是网状的，因为网状的交互稿很难阅读，阅读者需要从上下、左右两个方向滚动屏幕寻找信息（下图是反例）。

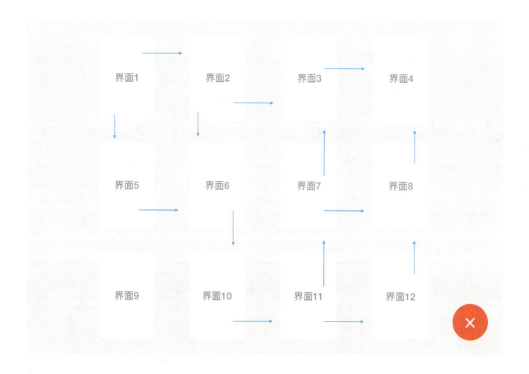

清晰易读的设计说明

设计说明是向开发人员传递设计信息的重要载体，如果设计说明位置杂乱、对应关系不好、可读性差，很容易让开发人员"不太想看"（很常见）。最终造成设计还原度低、沟通成本高等问题。

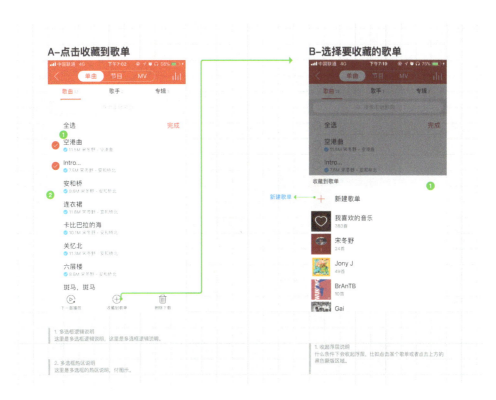

一份较好的设计说明应当遵循以下几点原则：

- 位置统一：在笔者提供的交互稿模板中，所有设计说明均在界面下方。
- 对应关系明确：须在界面上打标志点（上图绿点），与每条设计说明一一对应。
- 提供标题：标题可以大大提高开发人员的视觉搜索效率和阅读效率。
- 规整：多条设计说明的排布应当规整有序，使用上文提到的网格可以很容易做到这点。
- 接近界面：因为设计说明是针对界面的解释，所以不能离界面太远，不然很难对着界面看说明。如果设计说明实在太多，可以采用动态面板的方式承载（交互稿模板中有示范）。

最后几个小提示

最后,补充几点笔者认为比较重要的提示。

1. 很多开发人员都有一种"不想仔细看交互稿"的倾向,其大部分原因是交互稿的可读性不好。

2. 交互稿是"工程图纸",不是"设计草图",所以信息交代得越详细越好,越精确越好。

3. 每次更新交互稿,都应该在"更新日志"里写明,并在页面中也标出更新的地方。否则,会给开发和测试人员带去极大的麻烦。

4. 尽量不要频繁地更新交互稿,以免给人一种"不专业"的印象。

5. 字体建议使用 PingFang SC-Regular 和 PingFang SC-Semibold,这两种字体兼容性最好,要知道大部分开发人员的电脑里面只有系统默认字体。

附录

以下为资料清单,扫描二维码可直接获取。

1. 移动端交互稿模板 .rp;
2. 移动端组件库 .rplib;
3. 交互模板使用说明 .pdf;
4. 交互稿结构实例 .rp。

http://t.cn/RmCIE8v

UEDC
Design

第二章

设计实践

06

网易严选 App 品牌设计

 董俊豪

品牌设计,是品牌之间形成差异化的根本原因。它可以让用户明确、清晰地记住并识别品牌的个性,是驱动用户认同、喜欢乃至爱上一个品牌的主要力量。拿某品牌汽车的前车灯设计为例,这种特殊的外观设计被严格地应用到该品牌的所有产品线当中,就算遮住品牌 LOGO,用户也能一眼分辨出该品牌,这就是品牌的力量。

回归到我们的视觉设计,我们在对接需求的时候,经常会听到运营及产品人员对页面设计的要求是品牌感,那么,什么样的设计才有品牌感呢?下面就谈谈网易严选 App 在品牌设计方面的尝试,在这之前我们先来了解一下网易严选。

品牌分析

网易严选是网易原创生活类电商品牌,其秉承严谨的态度,甄选天下优品。"严"代表严谨的态度;"选"是甄选天下好物。

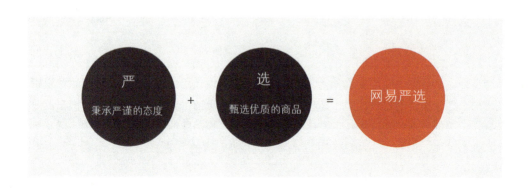

设计原则

网易严选的品牌理念是"好的生活,没那么贵"。可以想象以下场景,躺在懒人沙发上悠闲地看着书,坐在窗边惬意地喝着茶,或者是靠在阳台上享受午后的阳光。他们不紧不慢,追求品质,享受宁静,所以品牌关键字是品质、生活、宁静。从品牌关键字提取到的设计语言是细节化、场景化、简约化。

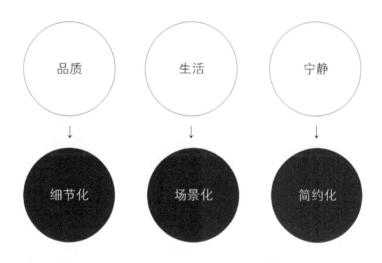

细节化是指精致,比如商品的光影,产品中的对齐法则等;场景化讲究的是自然、和谐、统一;简约化是去除一切多余的元素,只留下素材或者产品本身。

品牌设计

了解品牌性格、品牌关键字及品牌设计语言以后,我们就可以将这些内容应用到具体的设计中,下面从品牌LOGO设计、版式设计、图标设计、动效设计、图片设计5个方面进行品牌方面的设计。

第二章 设计实践

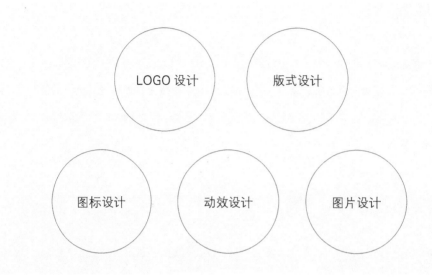

1. LOGO 设计

品牌 LOGO 以形象、直观的形式向消费者传达品牌信息，创造品牌认知、品牌联想和消费者的品牌依赖，从而给品牌带来更多价值。

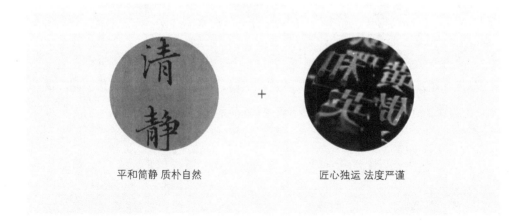

平和简静 质朴自然　　　　　　匠心独运 法度严谨

网易严选 LOGO 设计结合了小楷的轻重协调、质朴平淡，以及刻本的一丝不苟、精雕细琢，表现出对产品的选择保持严谨的态度，对产品的服务保持无限的追求。由于网易 LOGO 的品牌色是红色，并且从色彩心理学角度出发，红色更容易刺激购物，所以颜色继承了网易品牌的基因。

网易严选 App LOGO

从品牌色延伸出来一些其他颜色，可以适用在不同的场景中，如活动色、成功色、会员色以及不同程度的灰色。

辅助图形是品牌不可或缺的一部分。它能更好地配合品牌 LOGO，传递品牌价值，从设计上也能起到调和的作用。当然也可以单独作为背景底纹、辅助元素等运用，既丰富整体内容，又起到强化品牌的作用。如下图所示就是将品牌 LOGO 进行拆分重组而成的辅助图案及应用场景。

在网易严选 App "个人中心"中运用的辅助图形，如下图所示。

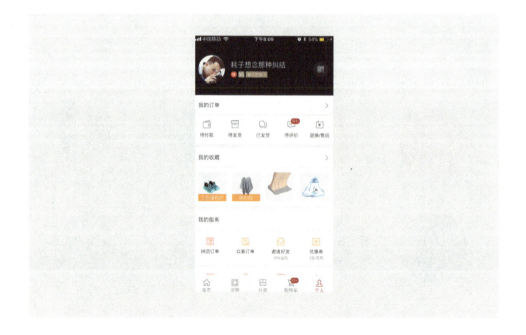

2.版式设计

网易严选 App 首页版面采用两栏布局进行设计,在内容的展现上做到适度克制,简化了内容,再配以浅色背景或者大面积的留白,把核心展示都留给了商品本身,整体给人简约、宁静的感受,不强制、不给人压迫感,相比其他电商 App 的四栏乃至更多的内容呈现,从视觉上做到了较强的辨识度。

网易严选两栏布局　　某电商多栏分布

3.图标设计

在界面中,Icon(图标)是界面中不可轻视的一个品牌设计环节,也是造就品牌感较直接的方式。

底栏 Icon

网易严选 App 底栏 Icon 的设计均以家居物品为原型衍化而来,给人以场景感、真实且生活化的感受,传达了品牌价值。

为空设计

网易严选的"为空设计"以生活中日常的元素为原型,并采用手绘线条的样式,加上块状的阴影及修饰等元素,营造场景化及画面感,为品牌设计带来了一丝情感。

4.动效设计

在 App 中做动效设计的优势在于生动地传达品牌个性。

登录页动效设计

在登录页面品牌图的设计上,在大面积留白的基础上加入了自然的光影效果,并配合放大并淡出切换品牌图的动画,寓意着严选为用户甄选优质的商品并完美地呈现在用户面前。下图是登录页不同品牌图设计展示。查看具体动效请下载网易严选 App。

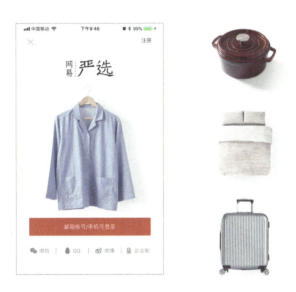

Loading 设计

Loading 的设计创意来源于打开包裹时,商品呈现在面前的惊喜感以及生活的仪式感。所以,设计的思路是:随着手向下拉,箱子缓缓打开,松开手的时候弹出"好的生活,没那么贵"。这里寓意严选有你想要的商品,并且品质及服务能给用户带来惊喜,从而达到了品牌价值的传达。查看具体动效请下载网易严选 App。

第二章 设计实践

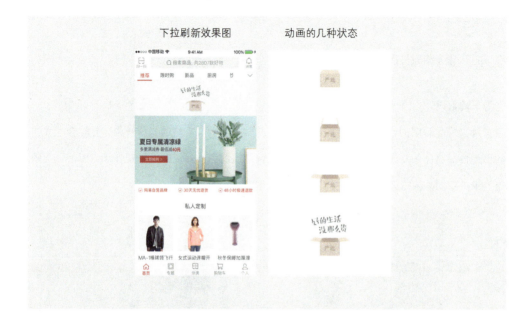

5.图片设计

心理学研究证明,图片比文字更直观、更优先地传达信息,所以在App中,图片的品质直接传递着品牌的感受。

单品设计

在产品设计中,既要保证品牌的气质,又要体现页面的细节,所以在明星商品页的单品设计中加入高光、暗部、投影。整体呈现出自然简约的效果,给用户营造着品质生活以及宁静的感受。

下图是运用在登录页及单品详情页的具体设计页面。

SKU 规范

电商设计最重要的一环就是对商品图的控制,我们一方面要对每个商品图的构图、角度、色彩做好把控,另一方面要对商品在页面的呈现做出规范。

①所有产品放置在米字格圆内,分为大圆、小圆、迷你圆,分别对应偏大、常规、偏小尺寸。

②产品角度以 15^0 为基础变量单位,如 15^0、30^0、45^0 等。

下面是一些具体运用实例。

结语

以上就是网易严选 App 在品牌设计方面的相关尝试,也是对视觉设计阶段性的一次总结。当然,网易严选 App 设计中还有很多可以挖掘的地方,期待后续的品牌设计工作越来越完善。

07

网易蜗牛读书品牌体验设计

俞树峰

2017年，笔者一直在独立负责一款全新的阅读产品——网易蜗牛读书的设计工作，包括品牌设计、UI、动效、活动物料设计等。对笔者个人来说，负责一个从0到1的产品是一件非常有趣且激动的事情。网易蜗牛读书上线9个月后，得到了内部和外部的一些认可，iOS版获得了App Store "2017年度精选""本土佳作""四月最佳App""首页新品推荐"

等 8 次主动推荐，Android 版也获得了豌豆荚设计奖、金米奖、极光奖、魅斯卡奖等，我们很受鼓励，所以这里想从品牌体验设计的角度给大家分享一些设计和思考过程。

品牌体验设计（BX Design）

下面先简单介绍一下品牌体验设计（Brand eXperience Design，BX Design），我们平时可能听到 UI Design、UX Design、MG Design 等词比较多，随着近几年人们开始越来越关注品牌，越来越注重全链路的品牌体验，BX Design 也开始被更多地提及，品牌体验设计不仅仅是品牌识别，还包含了 UI/UX、图形系统、影像设计、动效设计等与用户接触的每一个触点的体验设计，好的品牌体验设计通过各个设计触点的配合给用户传达融合、一致的感受和体验。

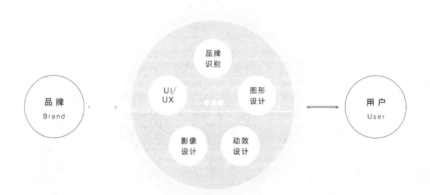

品牌探索（Brand Research）

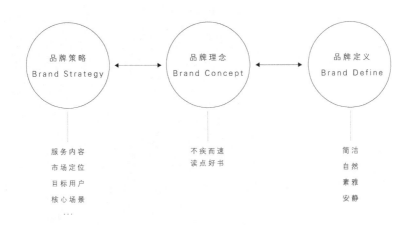

1.品牌策略

很多人会奇怪，我们明明已经有网易云阅读这个品牌了，为什么还要重新建立一个新的阅读品牌？一方面是业务发展的需求，另一面方面是我们对读书这件事有一些态度和尝试。阅读这个行业依然有非常多的细分领域，目前来说主要分为两大块：一块是以网络连载小说为主的快餐文学，还有一块是更加注重书籍本身质量的传统出版文学。通过典型用户画像我们可以发现两者的核心目标用户虽有重合，但在需求和喜好上还是有很大差异的，两者传递的品牌调性也有所不同，区别开有利于后期进行差异化设计和精细化运营。网易蜗牛读书在品牌策略和定位上主打精选出版图书的深度阅读，并且首次提出时间付费的概念，以时间为轴打破书籍之间的界限，致力于为热爱阅读的用户提供整洁、安静、无干扰的阅读体验。

2.品牌理念

品牌理念是一个品牌的灵魂，网易蜗牛读书的理念是"不疾而速，读点好书"。在这个忙碌、浮躁、快节奏的社会，希望大家可以做一只慢慢爬行的蜗牛，回归自然，拥有一颗平和宁静的心。

3.品牌定义

读书是一件简单、纯粹的事情,在设计理念上我们探索了茶道、花道、禅宗等东方美学思想,结合相契合的部分作为设计美学指引。然后通过情绪板去发散和提炼品牌关键词,透过关键词去收集想要传达的风格、色彩、影像或任何可以引起情绪反应的资料,作为设计方向和设计形式的参考,探寻品牌感觉。我们给网易蜗牛读书定义的品牌关键词是:整洁、自然、素雅、安静。

设计原则(Design Principle)

我们定义了"整洁、友好、一致、美观"的设计原则,虽然很多时候我们觉得设计原则很虚,但是作为设计系统的起点,设计原则可以帮助团队成员建立共同的设计世界观。在设计过程中,可以通过反问的形式衡量设计的优劣,比如信息呈现的核心流程是否整洁、失败操作的体验是否友好、配图是否美观等。

品牌设计（Brand Design）

1.品牌色

在品牌设计之初，我们首先定义了品牌色，我们从品牌最原始和最直接的品牌名入手，将"蜗牛"和"书"这两个意象进行场景化，然后从场景提取色调，结合情绪板，最终提炼并定义了我们的品牌色。用户通过名称进行相关场景的联想，很容易与品牌色建立联系，加深品牌印象。

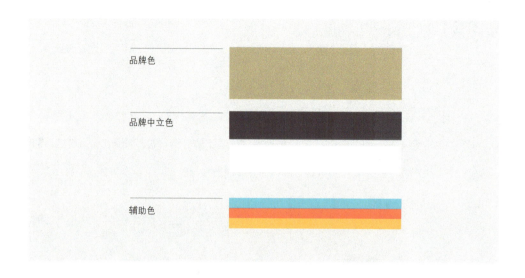

2.品牌标志

在品牌图形设计阶段,我们的大脑会迸发出无限的灵感和创意,草图可以帮助我们快速呈现概念。在这个阶段不要限制想象力,也不要太关注绘画的技巧,重要的是尽可能多地呈现创意和想法。这里笔者以"蜗牛""书籍""时间""速度"四个关键词进行概念发散和尝试。

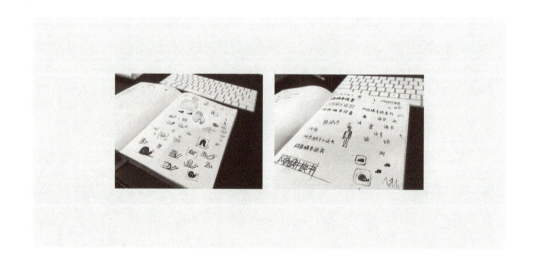

然后选取一些概念草图进行矢量化设计，通过筛选我们确定了下图中左下角这种线性 LOGO 的方向，造型上也融合了"蜗牛"和"书"的意象。

选定一种形式和方向后，下面继续进行方案的迭代。我们尝试做了加法，融入了速度的概念，希望在品牌 LOGO 中呈现"不疾而速"的品牌理念，将蜗牛给人慢的印象和 LOGO 中速度概念给人呈现以反差感，塑造出更加深刻的品牌印象。经过最终的评选，最后选择了方案二，更加简单、整洁的视觉呈现。

选定了造型上的方案后，接下来对造型进行提炼优化，我们主要从蜗牛头部与身体的比例以及线条的粗细去反复尝试，找到一个视觉上的最优方案。

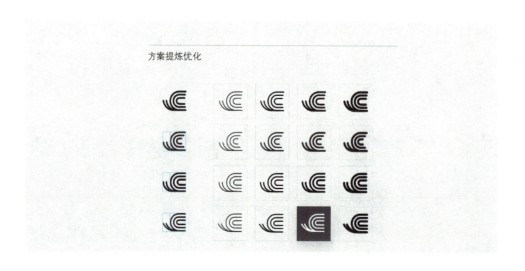

下面是最终确定的LOGO，造型和意象上融合了蜗牛和书的概念，以流畅的线条风格呈现出一种整洁、优雅的视觉效果。

LOGO 图形确定后,我们还需要设计与其搭配的品牌文字,这里我们选择现有的中文字体去和 LOGO 图形进行组合搭配。我们尝试了几十种组合,通过不同的组合探索不同的可能性,这个阶段最主要的目的是找到与品牌性格以及图形风格相契合的字体骨架。

最终,我们选定了汉仪清雅简体作为基础的字体骨架。它骨架平稳,字形整洁、优雅,笔画干净利落的同时,撇捺折钩处细微的粗细变化让字体显得不那么极简现代,有了一分文化感。选定字体后,我们从比例、字重以及品牌基因的融入去优化,使其与 LOGO 的搭配更加和谐。

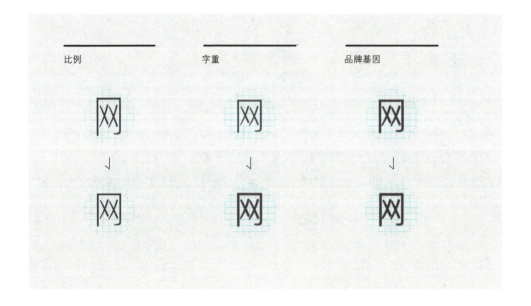

最终版本如下。

然后笔者也设计了品牌标志的动态表达，主要用于产品启动页的品牌展示以及其他推广传播渠道。动比静更加能吸引注意，当用户对静态图形有了初步的品牌印象之后，再通过变化性、互动性强的动态图形加深品牌记忆，达到品牌传播的目的。

App 设计（Application Design）

1. 品牌基因

在互联网产品设计越来越趋于同质化的今天，做出有品牌个性和差异化的产品是我们每个设计师需要面对的挑战，在网易蜗牛读书里面，我们通过品牌基因的提取、视觉语言的构建去传递其独有的品牌气质。除了品牌色的植入，我们还从品牌意象和图形 LOGO 入手，提取了"圆"这一基础图形作为品牌基因，并将其贯穿在整体的品牌体验设计之中。

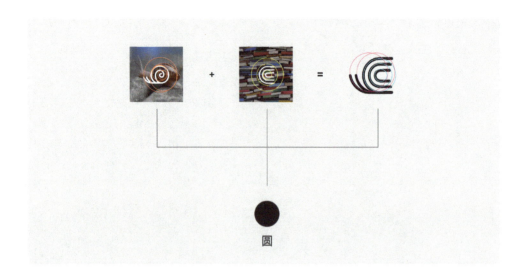

在网易蜗牛读书的界面设计中到处都能看到"圆"这个视觉语言的融入,从图标、按钮、书封、卡片、头像、配图等,到整个 App 界面边角的处理,完整、统一的视觉语言传递了更加和谐、一致的品牌感。

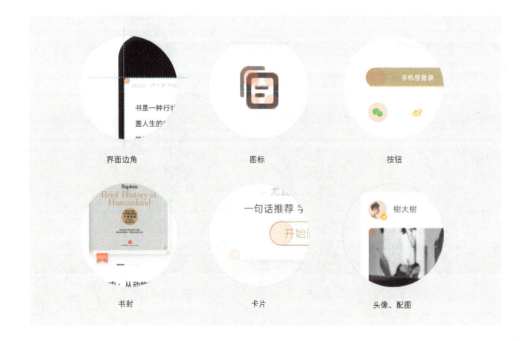

这里还引入了一个比较特殊的圆角——连续曲率圆角，应用场景为弹框、卡片等这些圆角较大的地方。

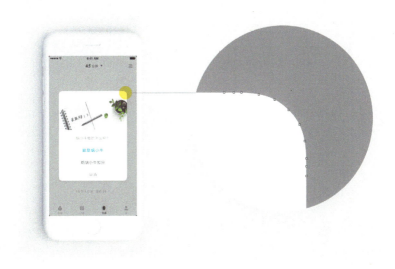

在我们平时做设计的时候，当圆角设置得稍微大一些时，总会发现圆角并不是那么完美，直线和曲线的过渡很生硬。通过曲率梳形图，我们可以看到下方左图所示的常规的圆角曲率过渡是突变到半径值的，而右图圆角曲率则是平滑过渡的，右图使用的就是连续曲率的圆角。虽然这是一个难以被发现的细节，但在网易蜗牛读书的界面设计中我们还是希望尽量减少生硬的衔接带来的切割感，提供更加友好和顺滑的体验。

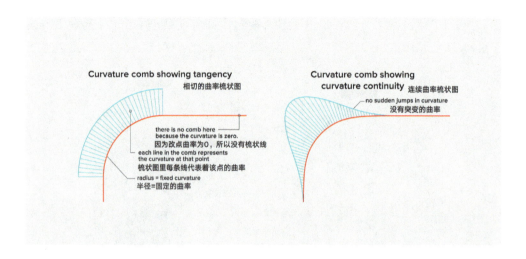

2. 排版布局

在排版布局上主要考虑层次和空间关系，我们在排版中引入了 4pt 的 UI 网格系统和 2pt 的基线网格系统。当信息在空间中的排列有规律可循时，用户更容易找到想看的信息，基于系统的规则可以给用户提供更加一致的感受与体验，一致产生重复，重复产生节奏，让用户与信息的交互更加高效和愉悦。

3.投影

在界面设计中也用到了微投影去构建视觉层级和营造空间感，基于品牌调性，我们希望界面中光影的感觉是自然、和谐、柔和的。一般真实的投影的衰减是曲线衰减的，而我们在软件中模拟的投影是线性衰减的，所以这里会用到几段线性的投影去模拟曲线衰减过程，使投影更加自然、柔和。

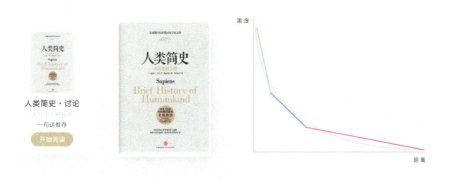

界面设计的根本目标是以产品功能性为基础去构建使用体验，以使用体验为基础去塑造视觉美感。网易蜗牛读书的界面排版设计，在满足产品功能性和可用性的前提下，尽可能地增加了界面的留白和对比，去塑造整洁、优雅的视觉美感和传递品牌调性。

「领读」Tab

丰富产品内容形式

通过领读人推荐增加用户找书途径和效率

卡片式设计、对比与留白

通过字体大小和颜色的对比、留白的设定、卡片式的设计来构建信息流的视觉层级

在功能性前提下塑造视觉美感

07 网易蜗牛读书品牌体验设计

第二章 设计实践

网易蜗牛读书 1.1.0 版本
For iOS & Android

4. 图片设计

图片在通用调性上都与品牌气质紧密结合，将设计理念一脉相承地融合到所有图片中。

5.动效设计

动效有很多作用,比如可以传达状态、提供反馈、传递层级关系、吸引视觉焦点等,好的动效设计可以提升整体的品牌体验。

在网易蜗牛读书的动效设计中,主要遵循以下设计原则。

- 功能性:以功能性为前提,不做无意义的动效,不为了动效而动效。
- 克制:不做过度多余的动效。
- 顺滑:遵循物理世界的规律,提供自然顺滑的体验。

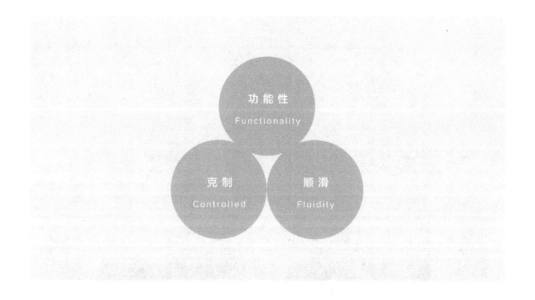

根据不同场景,我们定义了6种不同的贝塞尔曲线,通过对贝塞尔插值法进行复用,保证局部场景的个性化定义和整体的一致性体验。

MOTION GRAPHIC

曲线定义
贝塞尔插值法

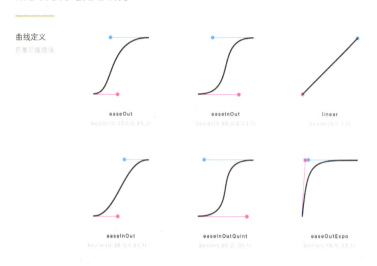

在实现上，为了保证设计开发的还原度，我们也会给出完整的动效标注文件。标注文件中包括动动画属性、动画时间、动画变化量、动画曲线、触发条件。

MOTION GRAPHIC

标注规范
贝塞尔插值法

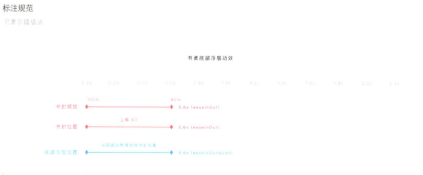

在动效的设计制作上主要用到了 After Effects 和 Lottie 软件，Lottie 是 Airbnb 团队开源的一个动画库，以往我们设计师设计好的一些比较复杂的动效通常会通过 Keyframes 或者 GIF 的形式输出给开发人员，但却面临着导出文件大、适配性和扩展性差、开发代价高的问题，让一些好的动效因为时间和资源的问题最终被搁置。而通过 Lottie，设计师可以将 After Effects 里制作的动效通过 Bodymovin 插件导出一个非常小的 JSON 文件，工程师只要通过简单地配置就能 100% 地还原动效，大大降低了设计开发的成本，目前 Lottie 还支持网络读取 JSON 文件，做 A/B Testing 也更加方便。

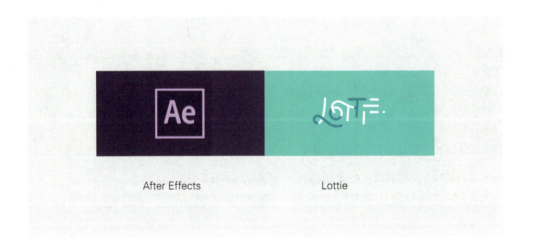

设计规范（Design Guideline）

在品牌体验设计过程中，为了保持设计的一致性以及提升团队各角色之间的协作效率，基于不同的角色和目标我们会制订不同的规范，比如品牌手册、UI Style Guideline、Pattern Library、动效规范、运营规范等。设计规范本身是一个比较大且耗时的工程，所以建立规范的时机以及复杂度也是需要考虑的。

网易蜗牛读书的设计规范目前也随着产品的稳定在逐渐完善中，下面来简单介绍一下。

这是 UI Style Guideline（用户界面风格规范），主要用于设计师和设计师之间的协作，保证设计风格样式的一致。

书籍正文精编书的模板规范，主要用于设计师人员和开发的协作。这里笔者也用到了 HTML/CSS 语言去制订规范，省去了将设计语言转化为代码的过程，避免在这个过程中产生误差，同时也节省了设计以及调整的工作量，另外也有正文设计的复杂度和特殊性的原因。

网易蜗牛读书的标签规范以及配色规范，主要用于设计师和运营编辑人员的协作。

第二章 设计实践

TAGS

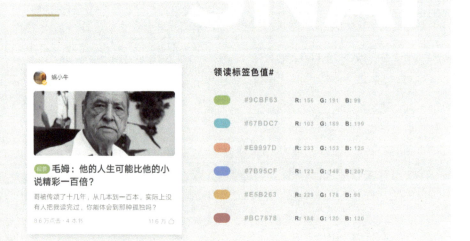

07 网易蜗牛读书品牌体验设计

品牌延伸（Brand Extension）

一些线上和线下的活动和物料设计，也是品牌和用户的触点，在设计的时候同样需要延续整体的品牌调性，传递出统一的品牌感。

设计验证（Design Verification）

设计是一门感性和理性相结合的交叉学科，也是一个"分析 - 研究 - 设计 - 验证"的闭环过程。设计师需要在产品不同时期把控体验和产品目标的平衡，通过反馈和数据去验证每一个设计的合理性，然后不断优化迭代。

注：大家可能会发现我们对品牌色进行了调整，这主要是出于集团战略上的一些考虑。

08

视觉设计师的进化

黄霞君

视觉设计师的现状

视觉设计师通常会面临来自产品、运营、开发等各方人员的意见,有时候各方人员的领导还各持己见。

香港理工大学的 John Heskett 教授认为，设计师有三个阶段，分别是修饰者、区分者和驱动者。修饰者主要负责美化产品页面，体现较为底层的基础价值；区分者会根据不同的产品打造不同的调性，赋予产品差异性；驱动者则是在战略高度思考产品，引领整个公司的产品，这是价值感非常强的阶段。典型的驱动者的例子是苹果公司，这是一家设计驱动、以设计为导向的公司，创新设计能力是产品的核心竞争力，这是每一位设计师梦寐以求的阶段。要成为杰出的区分者乃至驱动者，需要具备全链路的开阔视野和综合能力，既需要有洞察用户需求和商业需求的能力，也要有交互设计的思维能力和视觉设计的审美能力。

国内大多数互联网公司，由于岗位分工很明确，界限分明，在传统的设计开发流程中，视觉设计师通常处于流水线下游的等待状态，即交互设计之后的视觉还原工作，仅仅局限于将界面视觉的美观性发挥到极致，设计师的存在感和成就感都很低。很多视觉设计师可能处于修饰者阶段，小部分处于区分者阶段，成为杰出的区分者乃至驱动者是视觉设计师未来的主要进化方向之一。那么，如何提升视觉设计师全链路的综合能力呢？我们的实践表明，谷歌的设计冲刺是一个很好的尝试，其创造了非常好的机会使视觉设计师全程协同参与，不仅使设计师更深刻地理解了用户需求和业务需求，也更有效地提升了视觉设计的价值。

设计冲刺的实践

1. 设计冲刺的定义

设计冲刺是谷歌提出的一套为期 5 天的创新设计流程方法，集思考、设计、分析、产品原型产出为一体。

2. 设计冲刺的 6 个步骤

设计冲刺分为 6 个步骤：1. 理解，即理解用户需求、商业需求，了解技术可行性；2. 定义，定义关键和重点问题，即定义需求；3. 发散，围绕定义的需求尽可能探索更多的想法；4. 决策，选择目前来说最好的方案；5. 原型，制作低保真原型进行用户测试；6. 验证，与用户、商业利益相关者、技术专家进行方案验证测试，最后再进行迭代优化。

网易易盾是网易云旗下的一站式 B2B 安全服务平台，其中内容安全业务主要为客户提供文本、图片、视频等垃圾过滤服务并开放相对应的在线体验服务。下面我们结合网易易盾"广告在线体验"功能的改版，给大家介绍一下设计冲刺的具体实践过程以及视觉设计师的深度参与。

"网易易盾图片在线体验功能需要优化"是这次改版的主要诉求，其面临的业务挑战是如何提升用户体验以确保用户留存率。设计冲刺这种快速试错迭代的设计方法，很适合在短时间、小范围内洞察用户需求并测试其准确性以及发现其具体需要完善的地方，这是传统设计流程难以解决的，也是成本和风险都相对比较高的任务。

理解

首先我们拿到产品的需求——"网易易盾图片在线体验功能不好用,需要优化"。拿到需求的第一步是分析问题,从用户入手,挖掘和理解用户的真实需求。

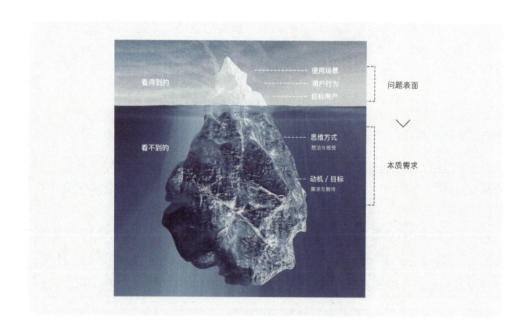

本项目中,视觉设计师也主动参与到用户研究。我们通过面对面的深度访谈,观察用户在使用过程中,具体在哪些环节上遇到了体验的问题。通过观察到的行为和场景去挖掘隐藏着的真实需求。

深度访谈之后我们要还原用户所有的操作过程,绘制用户旅程图,即用户行为路径图。我们发现用户几乎在每一个阶段都遇到了操作上的问题,我们把问题对应到每一阶段的行为路径上,比如找不到体验入口、页面跳转频繁、没有明确的判断标准、上传过程很麻烦、结果不准确等。

08 视觉设计师的进化

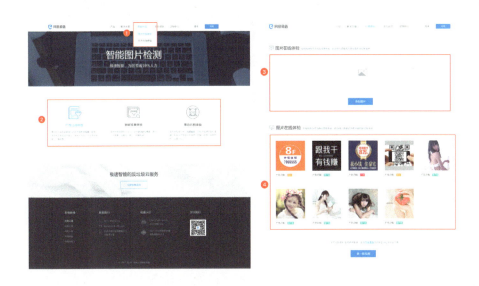

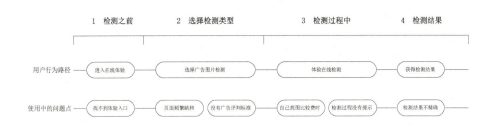

定义

理解了用户的真正需求之后，需要定义需求，把问题限定在一定的范围内进行讨论和解决，这样可以清晰目标，之后的工作都围绕着定义好的需求展开。所以，定义问题（需求）比解决问题更重要。

如何定义需求呢？我们采用 DVF（Desirability、Viability、Feasibility）模型来定义需求，也就是从用户需求出发，同时考虑技术可行性和业务可持续性。

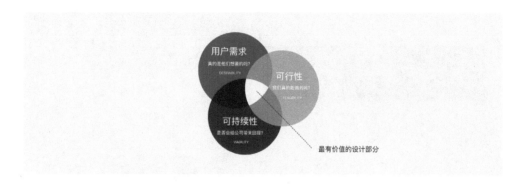

最后,我们定义图片在线检测功能的需求如下:
- 使用场景:图片在线检测;
- 目标客户:有反垃圾需求的企业用户;
- 遇到的问题:操作复杂、判断结果不精确;
- 核心需求:简单便捷的在线体验服务,判断精准无误;
- 业务目标:提升用户留存率。

以前视觉设计师一拿到交互框架就开始美化界面,从一开始就沉浸在细节中却很少去想为什么这样解决,而正是从项目前期开始主动与用研人员一起理解和定义用户真实需求,在全方位、多角度熟悉业务目标和技术实现能力的过程中,视觉设计师们开始尝试培养自己的理性思维,有针对性地思考问题的真正起源,给自己的设计带来了更宽广的视野和更清晰的理解。进而将体验目标融入业务规划,参与确定这次改版优化的方向,将自己从接受需求的被动角色转变为体验规划的主动推进者。

发散

明确需求以后,就可以发散思维,探索各种可能的解决方案了。

我们结合波诺的水平思维法(即基于核心问题每个人自由发散思维,探索无穷无尽的各种可能性,通常用"我们该如何……"起头)和概念扇思维法来发散思维,概念扇思维法主要是由目标、方向、概念和想法方案四个部分组成的。

现在有一个目标：将一个贴纸贴到天花板。我可能会想到梯子。思考一下会发现："梯子"只是"将我从地面提高"的一个工具。如果把"将我从地面提高"作为一个概念，将这个概念发散以后还有"站在桌子上""找人把我举起"等概念。

"将我从地面提高"只是"缩短贴纸与天花板的距离"，如果把它作为一个广义概念，那么满足它的其他概念还有"把我的胳膊变长""让物体自己移动"，对应的想法就是"用棍子加长胳膊""用伸缩式杆子""贴到气球上""操控无人机"等。

水平思维不拘泥形式和路径，你可以从任何节点开始，只要最终能建立这样的概念扇即可。概念扇应用到实际案例的方法如下图所示。

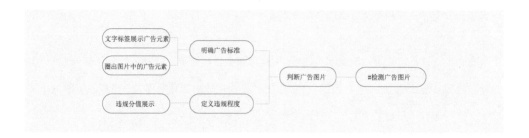

概念扇区别于传统头脑风暴的地方是：设计冲刺鼓励团队成员在限定的时间内独立、分散地思考问题，然后再集体聚合每个人的想法。有了对于用户需求和业务目标的深刻理解后，视觉设计师在此环节与其他人员一起，开始学会始终围绕核心问题创造更好的体验并有条理、有针对性地打开脑洞，让自己的视觉创意有更大的发挥空间，最终我们用便利贴的方式输出头脑风暴的结果，横轴为技术可行性，纵轴为用户价值、满意度，聚合归类所有想法。在此过程中我们不批判他人的想法是否正确，而是鼓励成员在一些想法的基础上进行延伸或者补充，脑洞打开的越大越好，前提是要围绕定义的需求和核心问题。

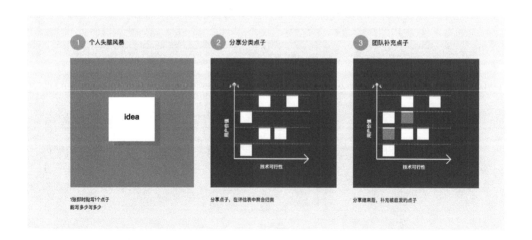

我们聚焦在问题较多的"检测过程中"和"检测结果"2个阶段，聚合了多种方式上传图片、提供在线图库、感知检测进度、圈出违规元素、分析具体违规原因等问题的解决方案。

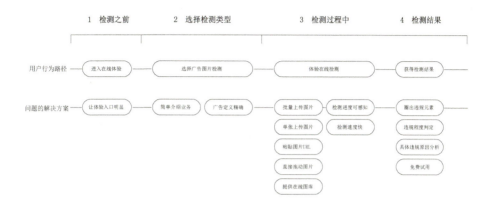

每个人根据自己提的点子,快速绘制方案草图,然后从每个人绘制的草图中选出最令人满意的方案。

决策

在决策的过程中,我们提倡单独投票,然后集体决定最好的概念,如下图所示。

以下是我们绘制的部分草图方案，我们的新方案具备以下几个功能：广告样本图片展示、广告图片判定规则说明、检测过程真实可信、检测结果准确、对结果有具体分析、支持多种本地上传方式、提供在线样本图片库。

解决方案1—TAB切换

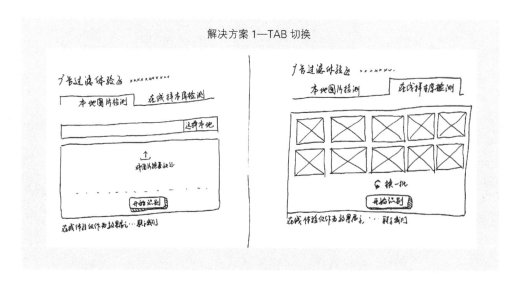

解决方案2—在线样本图片库

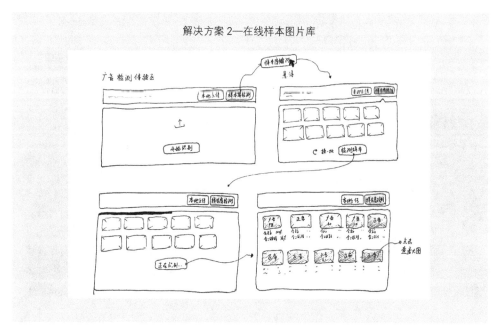

解决方案 3—检测过程以及结果展示

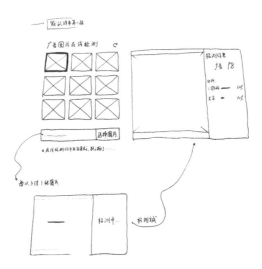

原型

原型阶段我们需要把抽象的想法变成具体化的、可供用户实际操作的低保真原型。对视觉设计师来说，绘制低保真原型图非常有优势。在这个过程中视觉设计师和交互设计师会协同绘制原型，而与交互设计师的协同工作，也帮助视觉设计师更清楚地理解用户需求实现时整个设计的上下文逻辑关系和前因后果，避免了没有支撑理由、自我表达式的视觉设计。

①固定导航，减少切换；②增加判断规则和样本示例；③支持批量、单张、粘贴 URL、直接拖动等多种上传方式；④增加在线图片库。

第二章 设计实践

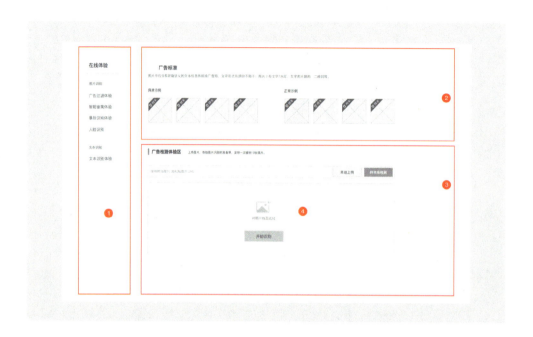

⑤在线图片库可以一次性添加10张随机图片，供检测使用，也可以更换。

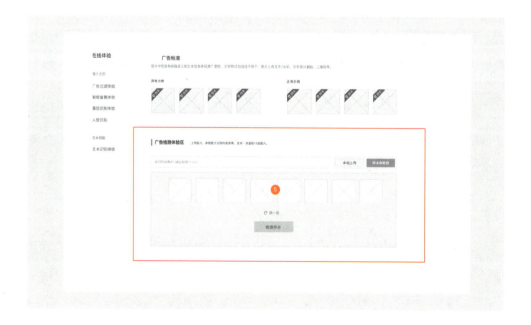

140

⑥检测进度可感知,让用户知道图片在线检测的状态。

⑦检测结果圈出广告元素(文字、二维码等元素),违规程度以百分比展示。

验证

设计冲刺包含两方面测试：一是验证概念方向是否正确，二是可用性测试。由于我们这里做的是功能的优化，所以只是做了可用性测试。我们招募了典型的 5~7 名用户代表进行可用性测试，在情境访谈式的可用性测试中，我们细心观察用户在使用过程中的各种表情以及动作等，鼓励用户发声、思考。同时制作打分板，统计任务完成率、错误率，最后总结、归纳所有问题，提出优化迭代方案。

测试结果表明，我们选定的方案是行之有效的，目标用户均完成了我们的测试，整个操作流程基本没有遇到挫折，体验流畅，并大都给出了满意的反馈。

视觉设计师参与到每一个环节，打破了日常部门分工的隔阂，在协同工作过程中，学会相互理解，更合理地发挥各自所长，进而推动适用体系化思考方式。

改版之前存在页面跳转多、上传方式单一、入口不明显、检测结果不准确等问题。

改版之后,体验入口固定在左侧栏,右侧展示样本图片、广告判断标准,相应的检测结果圈出广告元素,显示广告类型、违规程度。

关于设计冲刺的反思

1. 设计冲刺的本质

其实,我们认为设计冲刺的本质就是设计思维,是关于设计的"元思考"。

我们把设计冲刺归纳成两个阶段,问题的解读和问题的解决。第一个阶段,从用户研究到问题和机会点定义,明确方向,是做正确的事情,属于战略层面的事;第二个阶段,明确方向以后,开始创意发散和迭代测试,直到重新聚拢在技术合理、业务可行的方案上,是把事情做正确,属于执行层面的事。这就是一种全局性认知。

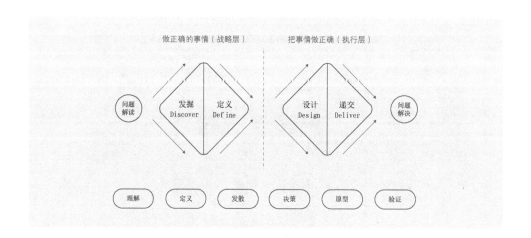

2.设计冲刺的价值

通过实践可以看到,视觉设计师在参与整个研究和设计的过程中,对目标用户的需求、业务目标和交互逻辑有了更透彻、更深入的理解,让视觉设计回归到了"人"本身,设计变得有理有据,而不是单纯的视觉技巧的呈现,这样视觉设计可以发挥更大的价值,能够获得更完整的视野和更系统的设计思考能力,从而在与用户研究、交互以及整个团队的人员协同工作中释放更大的价值,增强视觉设计师在团队中的成就感。

与此同时,设计冲刺强调的协同工作打破了职位分工的隔阂,大家学会相互理解,更合理地发挥各自所长,客观上能够大大提升团队的创新效率。精通自身领域的同时具备了综合能力,那么你在团队中的不可替代性会更强,对于企业来说也会更重视这样的全方位人才。

设计冲刺只是其中一种工作方法,如果能够有意识地让自己去培养整体性的设计思维,就会有更大的价值感和成就感。

09

如何用"十字法"构建页面中的信息层级

 张林林

相信每个设计师在工作中都会遇到反复修改设计方案的情况,造成这种问题的原因有很多,除了整体的需求变更及不可控因素外,有一个比较关键的因素便是没有梳理好信息层级。

同样,笔者在工作中也会遇到这类问题,接下来,我会以"产品详情页改版"这个项目给大家分享一下如何用"十字法"构建页面的信息层级。共包含五个部分,下面为第一部分。

谁该为反复修改设计方案负责

先看下面的设计方案，即产品详情页改版初稿。

这是最初做的几个版本中的一个方案，每次过设计稿时，产品经理总会让笔者修改：有时让笔者把产品名称加粗、加重，有时让笔者把店铺信息加强，有时又希望将保障信息也突出一下……起初笔者认为是个人能力不足，没能达到产品经理的要求，所以就认真修改，但后面改得有点失去方向，就把几个版本的设计稿全部拼在一起，本想向产品经理证明自己的工作量，然而当所有设计方案放在一起对比时，引起方案反复修改的真正原因便浮出水面，即每个方案的变化基本都围绕在信息的强弱关系上。也就是说，产品经理对产品详情页中众多信息的优先级是不清晰的。这就不只是设计的原因，因为设计是建立在需求明确的前提下，若需求都不确定，那么怎样设计都是不对的。

当初没意识到这个问题，没能帮助产品经理把控信息层级这一关，也是笔者自身能力的不足，所以设计方案的反复修改，设计师本人也要负一定的责任。

"十字法"的由来

当笔者意识到问题之后,便想先把信息层级明确下来再做设计。但要怎么做呢?凭感觉是经不起推敲的,此时需要的是理性的分析。

而那段时间刚好听了一个讲座,讲座中提到美国第 34 任总统艾森豪威尔会把每天要做的事情按照重要紧急的、重要不紧急的、紧急不重要的、不紧急不重要的这四个象限进行分类,以提高每天的工作效率,这便是著名的艾森豪威尔法则。

笔者对这一点印象很深刻,脑海中会时不时地浮现出来。然后心里想着如果工作可以这样分类,那么产品详情页里众多的信息是否也可以按这四个象限进行分类呢?

但是关于页面内的信息只有重要一说,却没有紧急的说法, 于是笔者便把艾森豪威尔法则稍微变化一下,把重要紧急中的"紧急"调整为"必须",即重要必须要展示的内容,依次类推分别是:重要必须的 / 重要不必须的 / 必须不重要的 / 不必须不重要的。同样也画一个十字,如下图所示。

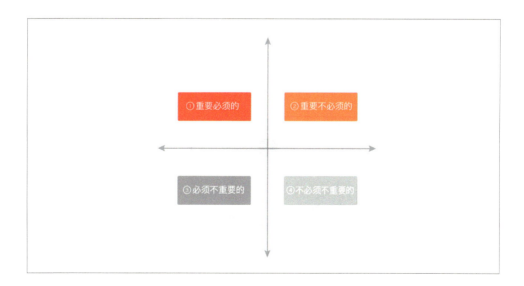

我们姑且把它叫作"十字法",重要必须的那一象限自然是优先级最高的,另外三个象限依次是优先级 2 / 优先级 3 / 优先级 4。

把这个勾画出来之后,便拉着产品经理一起按照这四个象限对产品详情页的信息重新进行了梳理。

用"十字法"构建信息层级

首先,我们把产品详情页所有的信息都罗列出来,有产品图片、产品 SKU、产品所属店铺等信息,大大小小一共有 30 多条,这还不包括辅助性内容,如下图所示。

```
1. 面包屑                    13. shipping              25. positive feedback
2. 产品大图                  14. delivery              26. detailde seller ratings
3. 6张产品小图               15. sku                   27. visit store
4. mouse over zoom in       16. quantity              28. contact now
5. product ID               17. total price           29. chat now
6. share to                 18. buy now               30. 离线-contact now
7. 产品名称                  19. add to cart           31. 离线-chat now
8. feedback                 20. 店铺地址              32. viwe more
9. 产品评价数量              21. retum                 33. add to wish list
10. orders                  22. seller promise        34. ……
11. price                   23. 店铺名称
12. bulk price              24. 店铺等级+icon展示
```

罗列出来之后,再按照前面说的十字法,把上述信息全部按照这四个象限进行分类,根据优先级的不同,分别填到相应的象限里,像产品的图片、名称、价格等信息都属重要必须的内容。

注：这一过程会有些难度，可能会出现反复的情况，我们在做的时候，针对物流即 shipping 信息讨论了很久，因为物流很重要，但我们平台并没有物流优势，所以最终还是决定将物流信息放在第三象限里，只要用户需要的时候能找到即可。

做完前两象限之后，我们发现第三象限里的信息非常多，而且并不能一概而论，于是把第三象限和其他象限里的信息进行了二次梳理，如下图所示。

像上图这样，把每个象限里面的信息又分成了几个梯队，因为优先级的关系，每个象限里的每个梯队在设计上的处理都会有所不同。具体如何在设计中体现，详见下部分内容。

根据信息层级进行视觉设计

1. 第一象限

注：下图中灰色圆圈标 1.1、1.2 等即代表该象限是第 1 梯队的信息，标 2.1、2.2 等即代表该象限第 2 梯队的信息。

首先看图中用箭头标的第一象限第 1、2 梯队的信息，其不但占据了页面中的黄金位置，在设计上也进行了加强。下面摘取其中一些信息进行介绍。

1.1 产品图片中的产品大图：这个无须多做修饰，图片本身就说明其重要性。

1.2 产品价格：不但在字号上均大于其他内容，并且在颜色上也用了比较高亮的红色。

1.3 按钮：Buy Now 和 Add To Cart 同属第 1 梯队的信息，在大小和颜色上与其他元素有着明显的区别，而且按钮本身就自带突出的属性。

2.1 产品名称：产品名称在产品所有内容中属于总领性信息，优先级为第 2 梯队，由于其所在位置的特殊性，在设计上并不需要强化，所以用的是最普通的黑灰色，字号上相较产品价格也要小些，因为本身所在的区域已经非常明显了。

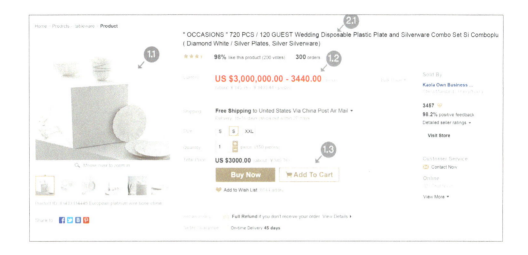

2. 第二象限

第二象限里的信息并不是很多，所以在设计上相对好处理一些，具体如下。

产品评价和成交量（见下图圆圈标 1）：这两个虽不是产品必要信息，但在用户购买决策中起着非常重要的作用。所以在设计上与第一象限里第 2 梯队的信息采用了相同的处理手法，在重点信息的字号和颜色上均与产品名称保持一致，另外担心这块过重，所以辅助性信息采用了页面中的最小字号 12px。

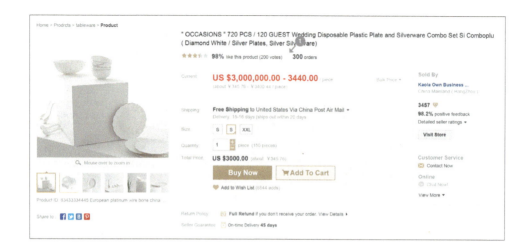

3. 第三象限

第三象限内容非常多，所以分了 4 个梯队，每个梯队的视觉表现也分别有所不同，具体如下（参见下图）。

1.1 产品 SKU 区域：这一块信息除了按钮，其他都属第 1 梯队信息，像 Shipping / Size / Quantity / Add To Wish List 等都属用户在购买之前需要操作的内容，所以用了一个灰度的背景把这部分操作类内容整合在一起。另外由于图片类内容天生自带吸引属性，所以像 Add to Wish List 这种有图标的信息，要把文案弱化一些，像 Total Price 这种无图标的信息则加强一些。主要通过调整字号的大小来达到相对平衡的效果。

2.1 店铺名称：第 2 梯队的信息主要跟店铺相关，处理起来会简单很多，由于店铺名称要明确表示可点击，但又不希望太强，所以用了深蓝的链接色。

2.2 店铺星钻 / 评价：店铺星钻 / 评价等相关信息用的是最普通的黑灰色，但希望可以与店铺名称在层级上持平，所以对字号做了加大、加粗的处理，以达到不弱于甚至还强于店铺名称的效果。

2.3 Visit Store：Visit Store（进入店铺）是一个行动点，在层级上弱于购买操作，但又强于页面中 Visit More（查看更多）的操作，所以在设计上做了中和处理，保留按钮的形式，采用灰度设计，使之整体上不强但也不至于太弱，与店铺名称等内容达到一个持平的状态。

3 Return Policy：第 3 梯队的信息处理起来就更容易了，包括面包屑、店铺相关的 Detailed Seller Ratings 等信息，都用了最简单的处理手法，颜色为黑灰色，字号为 12px。

4 Chat Now：Chat Now（联系方式）在线状态时属第 3 梯队，离线状态时属第 4 梯队，在设计上没有做过多的变化，直接用灰度展示。

4. 第四象限

如果前面的信息都能处理好的话，那么优先级最低的信息就基本没有什么问题了。对于第四象限里的信息，连同页面辅助性内容都统一采用 #999 的灰度和 12px 字号，整个页面看起来会更干净清爽，具体如下（参见下图）。

1.1 Bulk Price：关于批发价格信息，直接以灰度处理，没有做过多的变化。

1.2 店铺地址：在店铺名称后面有一串店铺地址，属不必须不重要信息，所以在设计上也是进行了弱化的灰度处理。

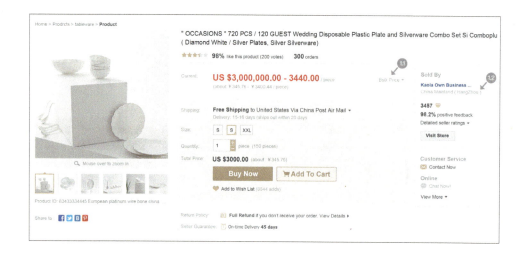

视觉评审

通过对信息层级进行梳理，整个设计过程变的非常顺畅。在设计之前，就基本能够预知哪些信息该如何处理，后面在细节上又进行了微调，下面便是与产品经理确认的最终稿。

最终稿与最初做的版本整体上虽差别不大，但细节上却千差万别，图标、字号、颜色等方面的处理均有所不同。而且从本质上已经发生了变化，最初的版本是在摸索中做的，主要凭感觉，没有一定的章法和逻辑，比较缺乏底气，而最终稿是有依据的，每一个细节点都经得起推敲。

最终稿与产品经理确认后，便组织了视觉评审。在评审过程中，仍有同事关于某些颜色的使用存在怀疑，比如会觉得物流辅助信息用灰色不合适，感觉太弱了。在这里注意一下，当感觉某个页面存在问题的时候，首先会觉得颜色或排版，也就是设计上存在问题，并不知道这些设计背后都有其信息层级的逻辑。所以当时笔者并没有就物流的辅助说明信息用什么颜色这个问题展开讨论，而是首先说明产品详情页里确实有很多很重要的信息，重要程度不同的内容，处理方式也不一样。而物流的辅助信息属于优先级最低的一个类别，体现在设计中便是使用灰色。另外，他只提了这个信息有些弱，而像产品的批发价、人民币价格等信息却都没有觉得弱，那说明它可能不是颜色的问题，而是因为我们在做信息层级时把它放在了最低的一级。

说完之后，提问的同事随即就明白了这样设计的原因，转而与产品经理探讨物流信息属于哪个层级的问题。当然，最后物流的辅助信息仍然属于最低的一级，但这样至少避免了在设计上进行无谓的讨论，因为有时候表面看起来是设计的问题，但实际上却是信息层级的问题。

评审最后，除了一些视觉上的小细节需要调整，整个过程都十分顺利，这大部分都得益于用"十字法"对信息层级做了梳理。

下面是两个版本中的一些不同点，笔者简单标了几个，大家可以对比一下。

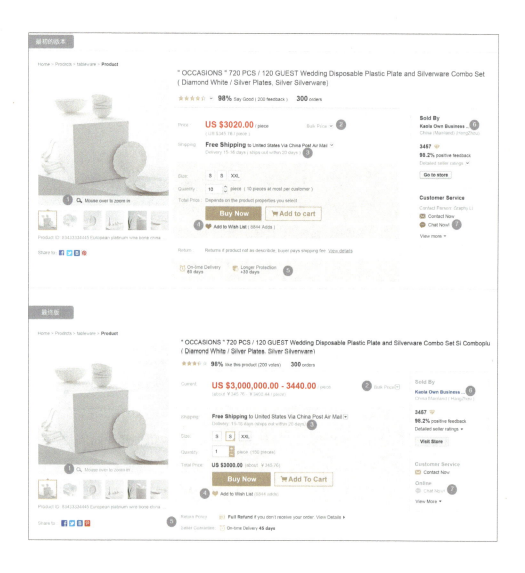

① Mouse over to zoom in：关于这个信息，起初觉得用户会去看产品细节，所以用了比较深的颜色，经过信息梳理之后，发现它并不那么重要，用户如果想看产品细节，会向下滑动看更多的图片细节，所以放在了第四象限里，在最终版时都采用了统一的灰度处理。

② Bulk Price：起初采用的箭头外面是有个小框的，并且"查看更多"的箭头与这个样式还不一样，总的来说有一点点复杂，所以在最终版时，把箭头的样式全部进行了统一，只是在功能和层级不同时，对箭头的颜色和方向做了不同的处理。

③ Shipping：之前物流相关的信息与产品的 SKU 并没有放在一起，后面在梳理信息层级时，把它与 SKU 归为同一级，并且都是在用户购买产品时需要进行操作的项，所以在设计最终版时把操作类内容都放在了一起。

④ Add to Wish List：产品经理原来认为收藏夹是一个比较重要的功能，所以不管是图标还是文案都用了深一点的颜色，虽然层级上也并不明显，但会影响整个页面信息层次的展示，所以在最终版设计时也做了降级的处理。

⑤ 保障信息：这个信息也是凭个人购物的感觉来做的，觉得应该是比较重要的内容，所以在设计时采用了较大的版面来展示，实际上这个信息虽然重要，但却不是我们平台的优势，而这个保障信息也起不了多大作用，所以在最终版也做了弱化处理。

⑥ 店铺名称：关于这条信息，最初的设计只是用了普通的黑灰色，但从需求角度出发，是希望产品详情页能够给卖家店铺引一些流量，但又不能过于明显，还是以产品详情信息的展示为主，所以在最终版设计时就稍微强化了一下，链接采用深蓝色。

⑦ Chat Now：起初联系方式在离线状态时虽然用的不是橙色，但也是比较深的颜色。当处于这种状态时，我们是不鼓励用户点击图标来联系卖家的，因为时差的关系，卖家并不能实时回复，会影响买家的体验，所以在最终版设计时就采用了看起来不可点击的灰度。

还有一些留白、间距等细节都做了不同的处理，在这里就不一一说明了。

以上便是在做详情页改版时遇到因信息不明确而反复修改设计方案的问题，从开始的混沌到最后的清晰，可谓是一个抽丝剥茧，越"抽"越具象，越"抽"逻辑性越强的过程。

我们在做设计时，习惯跟着感觉走，这并没有什么不对，但要注意的是，你的感觉要经得起推敲，当你向别人阐述方案的时候，可以把感觉用逻辑性的语言表达出来，把抽象的感觉分解成具象的逻辑，在设计上要条理清晰。同时也要对设计有一个清醒的认知，设计上的手法与技巧可以解决需求方想要达到的各种氛围或效果，但设计并不是万能的，它不能解决需求本身所存在的信息层级不明确的问题。所以明确问题的真正所在，才能对症下药。

另外，笔者一直认为设计师一旦陷入反复修改的状态时，作为设计师的那份灵气会因这种反复修改的状态而受到影响，继而会影响设计质量。所以在这种时候，我们一定要提高警惕，因为当产品经理自己不明确的时候，最常说的就是先设计一个版本看看。在需求孵化阶段，我们是可以用界面思维去辅助产品经理梳理信息的，但若进入了设计阶段，仍然为这种状态，这个时候就需要用到一些技巧和方法，本文所说的"十字法"可以尝试一下。

10

从 0 到 1：论网易严选营销线的交互设计

麻译天

"好的生活，没那么贵"是网易严选上线后主打的品牌理念，复盘各个全民狂欢的购物节，网易严选陆续推出了"3件生活美学""618精致主义"等营销主题，让更多用户体会到了网易严选产品的情怀。

而无论何种模式的电商产品，其本质都是售卖商品。营销活动是其中不可或缺的卖货方式，其不仅影响 GMV，也是非常重要的获取用户的手段。

在消费升级的时代，消费者对于商品的品质、产品的服务都有着更高的追求。营销线作为电商产品的核心功能，贯穿了用户从商品浏览到下单的整个过程，本文将从交互设计的角度来谈谈网易严选营销线从 0 到 1 的设计过程。

营销线的概念

广义上来讲，营销就是把商家意愿包装成活动，是促进消费者消费的手段和承载形式。电商中深入人心的营销活动包括每年大热的"双 11""618"等。

而营销线则是一套支持各类营销活动的功能体系，不同平台的产品对营销线的定义不尽相同，下图为网易严选营销线体系的功能划分。

| ◎ 专享价体系 | App 专享价、会员专享价、新老用户专享价 |

| ◎ 促销工具 | 单品变价类：限时购、特价、秒杀、梯度变价
多商品／全场类：满赠／满减／满折、N 元任选、套装、加价购 |

| ◎ 优惠券体系 | 全场券、品类券、单品券、免邮券 |

| ◎ 玩法活动 | 拼团、众筹、优先购、老带新、新人礼、刮刮卡、分享抢红包 |

网易严选营销线的设计背景

网易严选上线后以其简约的品牌调性吸引了很多忠实用户，但随着产品的不断发展和用户量的激增，原先简单的功能框架已不能满足需求，而用户反馈中很多诉求也亟待解决，比如：

- 特殊时间段的促销活动；
- 高黏性用户的激励机制；
- 最大可用优惠、包邮、凑单等的提示和引导；
- 互补商品、替代商品的个性化推荐；

……

无论是从业务角度还是从用户诉求出发，营销线都是之后优化目标中非常重要的一环，其不仅能丰富产品的运营维度，还有助于提高客单价和复购率。

那么，营销线应该如何着手设计呢？

解析营销线的设计流程

1.优化购物路径

网易严选原有的流程和功能较为单薄,只有浏览和付款等基本操作,所以首先对购物路径进行了优化补充,优化后的购物路径如下图所示。

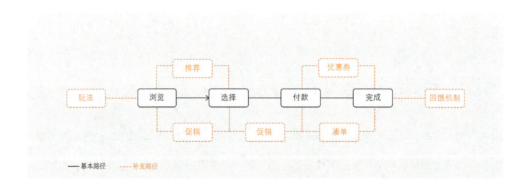

可以看出各个节点都增加了营销功能,虽然整体上延长了用户的购物路径,相对增加了用户下单的时间和决策成本,但当我们营销线是定位于提供更好的服务时,购物路径的缩短并不是我们的终极目标,我们的终极目标应该是在满足用户各种诉求的情况下提高购物效率和转化率,提高用户体验。

2.明确设计方向

功能设计要以业务需求为导向,在满足产品功能的前提下优化购物流程和用户体验,保证营销玩法的完整闭环和交易链路的流畅高效,提升用户对产品的满意度;并且尽量保持网易严选简约的品牌调性和设计风格。设计的基本方向为以下三点,且须体现在每个细节中。
- 样式统一性;
- 交互一致性;
- 流程顺畅性。

3.搭建促销工具

促销工具常指商家通过设置各种优惠活动来促进用户多购买,如"买一送一""五折活动"等是营销线较为常见的促销手段。

促销工具有玩法丰富、样式多变的特点,在 C 端配置的营销活动能贯穿整个购物流程,在不同的页面中,逻辑和样式也有所不同。

商品详情页

商品详情页是用户最直观感受商品信息和优惠的地方,所以要明确且显眼地展示不同营销活动的特性,现有营销模块主要体现在以下三个标注区域。

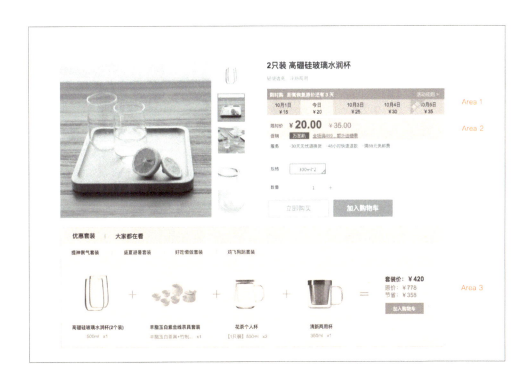

Area 1：以单品变价类工具为主，通过不同样式来强调时间与价格的强关联，营造优惠的紧迫感，促使用户尽早下单。如上图所示为梯度变价（商品在一段时间内以优惠逐天递减的价格销售），因涉及时间范围广，所以设计为日历样式，以加强用户对逐天变价概念的感知。支持超过五日做折叠，和当天的活动价做联动展示，让当天售价始终保持在首屏顶部可见。

Area 2：以多商品/全场类工具为主，主要通过促销标签、活动标语引导用户点击参加，放置在价格下方既显眼又不喧宾夺主；默认最多显示两条，超出时做折叠处理，以避免信息太多对用户造成干扰。

Area 3：套装（商品组合销售）的逻辑和样式较为复杂，不适合放置在顶部区域，上图就放置在商品图下方，和推荐模块共享空间，以保证用户可以在一屏高度内看见活动信息。样式兼容、拓展性强，能够清晰明了地展示多重套装，也方便后期优化。

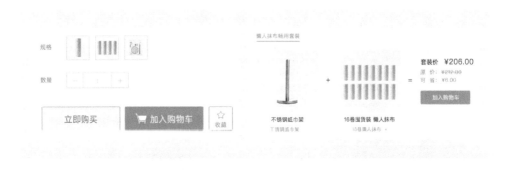

从上图可以看出，此页面的行为召唤按钮（Call To Action，CTA）为"加入购物车"，因为购物车能承载更多的营销活动，能提升曝光率且支持个性化推荐和凑单等功能，不仅有利于提升客单价，还方便用户凑单和合并下单、统一结算，所以在流程设计上应多引导用户去购物车操作。

在设计召唤按钮时需要注意保持唯一性和一致性，在同一个流程或页面中，尽量不要出现两个及两个以上的相反倾向的按钮（参考套装、凑单页等页面），给用户太多选择和提供前后不一致的选择都会导致用户体验的下降。

购物车页

购物车可以说是营销线最重要的载体,可以满足商品查看、商品管理、营销支持、金额计算等基础需求。在加入促销工具后,原本的购物车样式也做了相应调整。

以最基础的满赠为例(用户购买满足指定金额/件数/款式时,可获得相应赠品/赠券),一个完整的满赠活动在购物车的样式如下图所示。

常态下整个营销活动模块包含促销标语、赠品、活动商品,样式上须独立于普通商品。而促销标语起到了重要的活动模块划分和提示作用,不仅在视觉上要突出,在信息传递上也要简明扼要,只需重点露出用户当前参加的活动和满足目标需要的条件,引导用户勾选或凑单,动态计算阶梯门槛,减少用户理解和计算的成本。

如满赠标语为多字段组合，在满足条件前后，其样式应该不同。

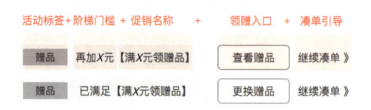

而满赠还支持阶梯档和全场活动，此时又需要细分样式。

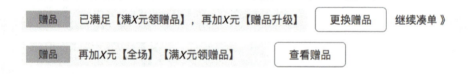

除了标语，笔者对整个活动模块的视觉样式也进行了调整：活动商品组加底色，失效商品组灰化沉底显示，以区分于普通商品组，保证用户对信息浏览和理解的高效性。

交互流程上则增加了以下几点优化，保证用户付款流程的顺畅性和良好的可操作性：
- 允许用户在购物车切换 SKU，减少用户页面跳转和更换操作的成本；
- 赠品在满足条件的情况下会自动带出，减少用户遗漏的情况；
- 下单操作栏从底部跟随优化为悬浮常驻显示，对字段进行重新排版，降低高度，增强操作便捷性。

4.适配多端方案

营销活动涉及多端,移动端的交互样式与操作逻辑相较于 Web 端有很大差异。考虑到大小屏幕适应性和操作流畅性,界面的样式布局要求也会更高,要在有限的空间内展示对用户最重要的信息。

举个例子,下图为 App 端购物车常态与编辑状态的样式,对阶梯档标语做了最大限度的精简:只显示下一梯度的引导文案,并弱化凑单入口,通过箭头来引导用户点击。

在全局版式上对所有字段做了优先级排序,除商品基本信息外,优惠活动切换的优先级较高,所以调整较低频的数量,并和 SKU 切换功能进行折叠,仅在编辑状态下可见。

而编辑状态下用户无法领取赠品、选择活动、跳转凑单页,对入口和热区都做了相应的隐藏处理,减少无意义的跳转和逻辑判断让操作路径和用户行为能相对应,也能避免造成用户的疑惑和操作失误。

注：上图为前期稿子，线上购物车为最新改版样式。

以上只列举了部分促销工具，其他类似的促销工具可在现有基础上延伸设计（满赠——满减、满折，梯度变价——限时购、特价），以保持促销工具的整体一致性。

随着促销工具越来越多，流程也会更加复杂，还会涉及彼此的互斥与共享、前端后台的限制与配合，所以，在设计过程中不仅需要考虑促销工具当前的逻辑样式，还要考虑到后期的兼容拓展。

5. 完善标签价格体系

营销线的丰富势必带来商品价格的多变，一个商品在不同营销场景下会存在多个价格、多个标签，在不同页面如何展示才能吸引用户又不会造成用户认知偏差呢？而标签作为用户对活动最直观的引导入口，如何把握这个展示的度呢？

以 App 端的列表页（下方左侧图片）、详情页（下方中间图片）、购物车页（下方右侧图片）为例，价格和标签在不同页面的处理方式就存在较大的不同。

在满足业务需求的条件下，尽可能对页面样式进行精简处理。

◎价格：在活动标签下默认选取用户能享受的最低 SKU 价进行展示；详情页作为重要的营销载体应展示完整价格信息——活动价和原价，但列表页、购物车则隐藏原价。

◎标签：针对不同商品、不同页面做不同处理，不仅要控制展示数量，位置和样式也需灵活可变。比如购物车页空间有限，则隐藏销售标签，优化活动标签为文字标，前置于商品名。

再来看一下标签的分类展示逻辑。

随着营销功能的增加，标签数量超过了 20 且展示逻辑较为混乱，所以根据标签属性进行了分类，不同分类内部按业务优先级做排序。同时，对同一商品的标签显示数量进行控制，优先显示更重要的标签。

在视觉上则对标签样式进行归类统一，统一所有活动标签的色系，根据系统和人工配置对销售标签做细分。库存标签样式较为特殊，根据功能区分样式。

此外，由于线上还有多色可选、产地制造等各类标签，后期还会持续增多，所以也需要尽早考虑更多的兼容样式和优化方案。

结语

营销线体系庞大且功能复杂,因业务调整、功能优化等原因,线上版本已迭代多次,在项目实际落地过程中也会遇到不少问题,本文篇幅有限,仅做了项目前期的概述,下面总结了设计心得。

◎营销线设计以业务为导向——营销线设计更看重功能的落地与效果,应多站在业务的角度,考虑如何用设计手段提升产品的转化率,推进数据的提升,避免新颖美观却不能解决实际问题的设计。

◎保证购物流程的顺畅——营销活动往往信息量巨大,又容易因时间和操作等因素而频繁变化,所以要尽量保持样式整洁和逻辑清晰,让用户能高效地浏览操作,减少购物中的困惑和焦虑感。

◎注重用户的购物体验——深入挖掘用户行为习惯,真正从用户的角度去分析购物流程中可能会出现的问题,考虑多端、多场景的兼容,保证每个触点都能得到及时、有效的反馈,在满足业务的需求下保持良好的用户体验。

11

小屏幕下的大数据

魏辛逸

"信息可视化"与"数据可视化"

在一些工作场合中,可能会发现这样一个场景:

老板甩了一份报表给视觉设计师,让他转换成一张美观的数据展示图,以方便做报告。看着这一堆数字,设计师犯了难:你让我对三五个数据进行艺术加工和表达没有问题,如何处理这一堆数据呢?

其实，那是因为老板把"信息可视化"和"数据可视化"的概念给搞混了，这两者在现实应用中非常接近，并且有时能够互相替换使用。

信息可视化（Infographic，Information Graphic），更注重艺术效果，它是具体化的、独立的、需要手工定制的。并没有任何一个可视化程序能够基于任一数据生成具体的图片并在上面标注解释性文字，下图为 2013 *The Information is Beautiful Awards Interactive* 交互类铜奖作品——*U.S GUN DEATHS PERISCOPIC*。

数据可视化（Data Visualization）的概念则不同，它具有更广的普适性，同一类图表并不会因为数据不同而改变自己的展现形式，用户通过对数据进行可视化的应用来搭建报表。制作人员大多隶属于战略规划部门或者业务部门，例如数据分析师、运营人员等，下图为 ECHARTS。

明确设计任务

随着用户在移动端浏览图表和数据的需求越来越多,我们的数据产品从 Web 端迁移到移动端变得迫在眉睫。对于交互设计师来说,刚拿到需求的时候绝对不能按照以往的设计流程立马就开始梳理功能模块,或尝试将大屏内容布局到小屏上。

首先应该认识到:

1. To B 工具类产品本身就有操作难度高、逻辑复杂的特点,光是 Web 端的操作对于很多人来说就不好上手,但 Web 端的屏幕空间较大,展示内容多。相对于 Web 端,移动端在展示内容上更要挑关键的、重要的内容进行展示。

2. 手机的使用时间较碎片化,并不会占据人们日常生活中很大一块时间,所以并不适合处理复杂的问题,将复杂的操作简化也是设计重点之一。

3. 在数据的缓存上，手机的性能比浏览器强大，所以应该尽量减少需要从网络加载的内容，能够使用移动端原生的控件尽量不要从 Web 端加载。

总结而言：以下几点是本次设计过程中需要着重解决的问题。
①如何在有限的空间内汇总图表信息；
②如何把 Web 端关键功能模块在移动端重构；
③如何重新定义符合移动端的交互方式。

分析目标用户和使用场景

曾听到过一位 BI 产品的销售人员说过一句话：To C 类产品需要说服的是用户，而 To B 类产品需要说服的是用户的老板。相对于 To C 类产品的用户至上，To B 类产品更重视商业利益。如果说产品的"好用"直接受益者是数据分析师，那么"好看"才是公司老板买单的理由，这里的"好看"不仅仅指界面的美观，更多的是指图表内容能否清晰地反馈有价值的信息，能否发掘内部隐藏的问题，能否为公司后期发展提供参考。

对于决策层来说，为了制作一张图表在电脑前待很久的场景非常少见，大部分决策人员应该是在会议室内围着一张已经完成的报表进行讨论和分析，或者在公司以外的地方随时随地监视关键指标的变化，并做出相应的指挥与应对措施。所以，Web 端的重点是"编辑"，而移动端的重点应该放在"阅览"上。

Web 端	移动端
屏幕大	屏幕小
操作方式多	操作方式少
携带不便	灵活便捷，随身携带
一段固定时间	碎片化时间
受时间、空间限制	不受时间、空间限制
▼	▼
编辑报表	阅览报表

提取关键模块

明确了移动端的核心需求为"阅览"后，设计师就可以对 Web 端需要迁移的功能做出取舍。

一款数据分析产品一般由以下几个模块组成：数据源、数据模型、报表、仪表盘。

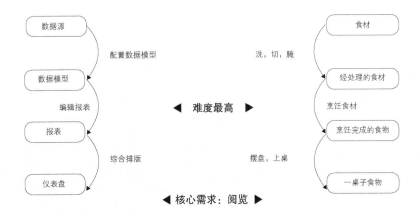

数据源是用来建立数据模型的，把导入的数据进行配置，形成了数据模型，然后通过数据模型中的数据字段绘制报表，把绘制完毕的各个报表拼合成仪表盘，整个流程就结束了。看上去好像很复杂，其实这和做菜的过程非常相似，数据源就是食材，数据模型对应经过处理的食材，编辑报表等同于烹饪食材，最终形成的仪表盘就像烹饪后一桌子的食物。

由上文可知，移动端的主要需求是阅览，那么我们应该着重关注的迁移模块是Web端的仪表盘，如下图所示。

布局

明确了需要迁移的模块后，首先需要做的是布局整理。

Web端的界面主要分为五个功能区：图表区、文件列表区、常用操作区、过滤器、探索功能区。

图表区主要用来展示报表，用户通过这一界面来了解自己的业务情况。文件列表区用来归纳整理、切换各个报表文件，起到导航的作用。常用操作区主要放置一些与图表展现无关的全局功能，如刷新数据、定时邮件等。在绝大多数的网站设计里，导航和内容都是最先布局的，因为这两个模块构成了界面的主体部分，之后所有的功能都是在此基础上设计添加的。

移动端的屏幕较小,图表区作为最核心区块首先要占据屏幕中心,文件列表可以暂时收起,收纳在抽屉导航里,放置在页面左上角。

常用操作区如果置于屏幕底部会占据较多的空间,为了给图表和其他操作频率更高的功能区腾出更多位置,还是布局在了屏幕顶部。

过滤器和探索功能区包含在图表区内,过滤器更通俗一点的说法是筛选器,方便用户根据不同维度筛选出自己最需要的信息。探索功能区中有更多、更细的操作项,通过点击可以改变图表的展现状态,比如说排序、下钻、隐藏数据项等,这些操作项的使用非常频繁。根据用户的操作习惯和使用频率,最终置于右上角和底部。

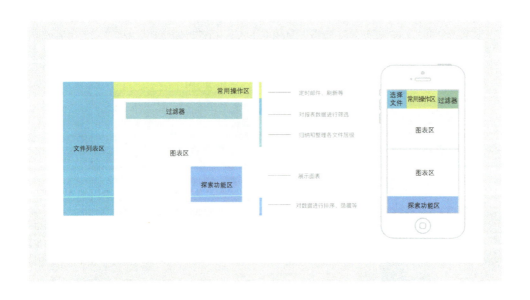

综上所述,从 Web 端到移动端的迁移布局分为以下几步:
①按功能分区。
②整理各区主次关系。
③按优先级依次在移动端排布。
④根据移动端规范和产品特性做进一步调整。

操作手势定义

1. 整理手势

工具类产品的特点之一是操作频繁，在迁移的过程中应着重考虑符合移动端的交互方式，建议遵循以下流程：

- 整理出 Web 端所有的操作手势以及对应的功能；
- 判断哪部分操作可以直接沿用；
- 对不能沿用的交互重新定义。

Web端操作手势	单击	双击	单击不释放拖动	右键 悬停	
移动端操作手势	单击	双击	单指拖动 双指拖动 长按拖动		双指放大 双指缩小

有一些 Web 端的操作手势可以直接在移动端沿用，比如单击、双击，但是有一些 Web 端操作手势在移动端是无法沿用的，需要重新设计相应的手势。具体的操作根据具体的业务来最终确定。

2. 图表分类

站在数据分析师的角度，一般会把图表按照其表达意义进行分类，比如适合分析趋势的图、适合分析占比的图等。但从交互设计师的角度来看，我们还会按照交互操作方式和操作区域来分类，这可以帮助我们根据不同的类别来设计不同的交互手势。

第二章 设计实践

带轴的图表	不带轴的图表	表格图
散点图　堆叠柱状图	环状饼图　普通饼图	二维表　透视表
面积图　普通折线图	仪表图　地图	
并列柱状图　平滑折线图	指标卡图	

带轴的图表

带轴的图表包含最主流的图表类型，如柱状图、折线图等。其覆盖图表类型最多，可操作内容也最多，交互普适性最广。

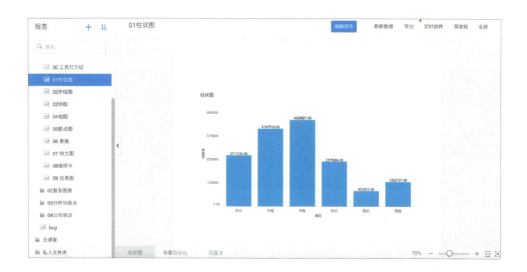

182

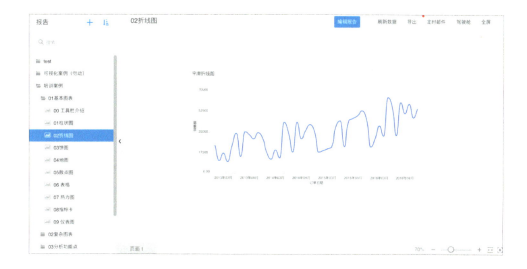

不带轴的图表

不带轴的图表都有其个性化的操作方式,普适性相对较窄,如饼图、仪表图、地图等。

第二章 设计实践

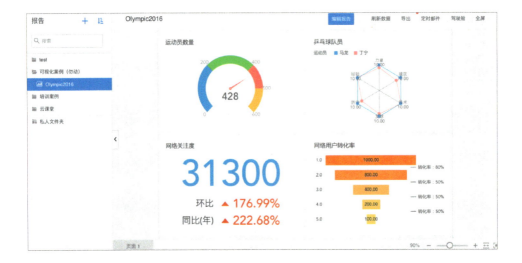

表格图

表格图操作少，和 Web 端操作相似度最高，大部分手势可沿用。

184

3.按图表分类定义操作手势

带轴图表在移动端展示时,经常会遇到一个问题:数据项非常难选中,因为Web端的空间够大,我们可以方便地选择和查看具体数据,而移动端的屏幕很小,很多时候光靠手指是无法选中密密麻麻的数据的,在这里就无法沿用Web端的操作。为了解决这个问题,可以引入选择器的概念。

滑块选择器
滑块选择器适用于通过一个方向的坐标系就能够定位数据项的图表。

例如:普通柱状图、普通折线图、普通区域图等。整个操作空间都集中在了屏幕底部,也保证了不管多小、多细的数据项都能被选中。

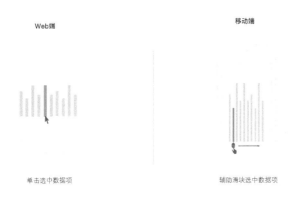

十字选择器
十字选择器适用于无法通过一个方向的坐标系就能够定位数据项的图表。

例如：散点图、堆叠柱状图、多折线图、多区域图等，手指拖动十字中心选择数据项，操作区域覆盖整个屏幕。

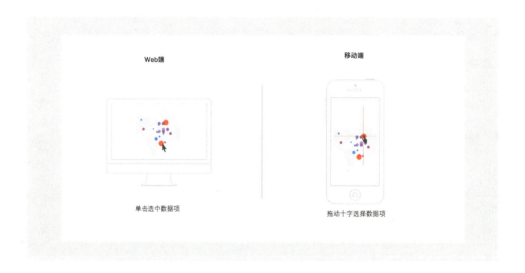

三角选择器

不带轴图表一般都较为特殊，普适性没有带轴图表这么广，但也有一定的规律可循。三角选择器适用于饼图、南丁格尔图等。

指针选择器

指针选择器适用于环形图、南丁格尔环形图等。

图例

除了图表内的操作,用户还常常需要通过图例查看不同颜色的数据项各自的名称,其一般显示在图表上方,Web端屏幕够大,一眼就能够看完,几乎不需要额外的操作。但在移动端,即使忽略每个名称的字数长度,也很难看全所有的图例。在这种情况下,我们应该允许用户在这个区域执行横向拖动操作,必要的时候还可以做些操作引导。

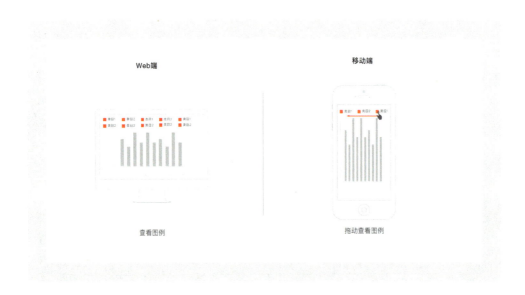

探索面板

探索面板包括一些常用的操作,比如排序、隐藏数据项等,在 Web 端是通过鼠标右击去激活的,但在移动端并没有右击这个操作,这个时候可以把右击替换成长按,同样能够触发面板。

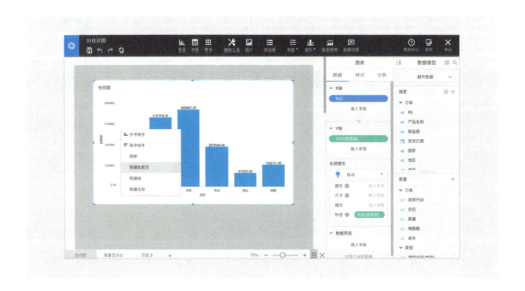

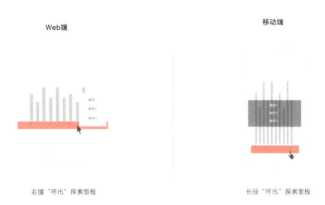

表格图

表格图的呈现在两个端十分相似,操作并不多。在移动端的展示需要注意宽高比,可制订一些规则保证操作方便的同时能完整浏览全部数据。

结语

数据并不枯燥,每个基础图表都有其特点,掌握这些特点,做出适用于不同业务的图表,帮助人们读懂数据并做出决策,是数据可视化的价值所在。以上案例、观点难免片面,期待得到各位读者更多的指点。

如果想看更多的图表内容,欢迎搜索"网易有数"体验我们的产品。

作者编写过程中参考了 Robert Kora 的 *The Difference Between Infographics and Visualization*(信息图和可视化的区别)。

12

心理学小策略帮你引导用户决策

周倩

研究表明,人类有90%的行为是无意识的,而作为产品设计者(这里不去区分策划和交互人员),我们通常希望引导的是用户的有意识行为。那么,对于用户行为、心理的深入研究,是否可以帮助我们设计出用户更想要的产品,或者更好地引导用户按照我们的期望去使用产品呢?

在《痛点》这本书里，作者提到了一个案例：他受委托帮一个健身机构提升会员黏性，通过观察，作者决定给每个会员一个精美的手环，这不仅仅是个手环，配套的还有一系列的情感关怀服务，最终，这个健身机构的会员续费率提升了将近一倍。

这个案例告诉我们，决定用户买不买的关键不是商品本身，而是用户的心理感受。那么，我们试着用这个思路来解决在网易考拉售卖黑卡的问题。

首先解释一下什么是黑卡：黑卡是跨境电商自营平台网易考拉海购的付费会员服务，付费 279 元 / 年，即可享受黑卡价、96 折等会员权益。那么，279 元到底贵不贵呢？

笔者在网易考拉用户群里做了个调研，结果是 50% 的用户表示太贵了，45% 的用户表示有点贵，但还可以接受。为什么一个大多数人都付得起的价格，大部分用户会觉得贵呢？

举个例子，一碗 100 元的蛋炒饭，可能大部分人都觉得它贵，因为在人们心里，蛋炒饭不值这个价格。所以，黑卡的价格，超过了用户对它的心理预期。如果想让用户买单，那就必须抬高用户对黑卡价格的心理预期。

对比策略

如果单独看 100 元的蛋炒饭，你肯定觉得贵，但如果这时候旁边放了一碗 800 元的面，你是不是觉得蛋炒饭便宜呢？

下面来看看黑卡开卡的引导对比。

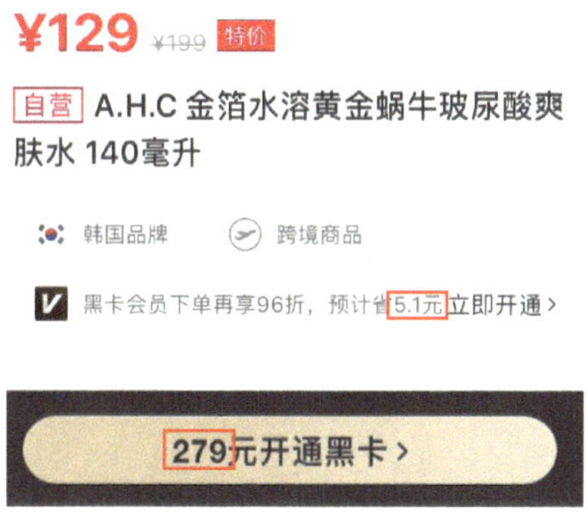

¥129 ~~¥199~~ 特价

自营 A.H.C 金箔水溶黄金蜗牛玻尿酸爽肤水 140毫升

韩国品牌　跨境商品

V 黑卡会员下单再享96折，预计省 5.1元 立即开通 ›

279元开通黑卡 ›

用户大部分的购买场景并不是大额消费，试想一下上面的场景，从一个省几块钱的商品详情页点过去买黑卡，看见的是 279 元的价格，在这种对比之下用户会有掏钱的冲动吗？

¥7299 ~~¥9100~~ 特价 报销税费

自营 【考拉自营 正品保证】LONGINES 浪琴 嘉岚系列时尚优雅男士腕表 L4.766.4.11.6

瑞士品牌　跨境商品

V 黑卡会员下单再享96折，预计省 291... 立即开通 ›

再看这个大额的商品,一单能省近 300 多元,看到这个对比,用户肯定是愿意去开卡的,可是这个数字一点也不明显,小屏幕的手机经常有显示不全的情况,对于吸引力如此大的点,不应该更加放大么?

总结:要让用户感觉黑卡价格便宜,最好缩小不利对比,放大有利对比。

附加价值

还是将黑卡比作蛋炒饭:如果这 100 元的蛋炒饭里,放了冬虫夏草、灵芝、人参,你还会觉得贵吗?这时,你之所以觉得它有价值,是因为你了解蛋炒饭内容物的价值。

大部分用户都了解 LA MER 的价值,也知道立减 399 元的价值,以这种角度去告知用户,比单纯告诉用户"我们可以打 96 折""有黑卡价"要有效得多。

总结：传达黑卡权益，可以多以爆品为标杆，表现其价值。

直接获利和损失规避

大家来体会下面这几句话：

这碗蛋炒饭很好，材料精选、味道鲜美、价格虽然贵，但吃了对你身体有好处。

这碗蛋炒饭很好，吃了我给你 200 元。

这碗蛋炒饭很好，如果你不吃，我敢保证，你将损失一生中唯一一次吃到顶级蛋炒饭的机会。

哪种形容更容易让你动心呢？人们往往对自己能够直接得到的东西更加感兴趣，也更容易付诸行动。而相比于获利，人们往往对损失更加敏感。

总结：①可以尝试让用户直接领钱的方式去包装黑卡权益。②可以尝试传达"不领黑卡就会亏"的概念。

社会认同原则

你身边有 100 个人都买了这碗蛋炒饭,而且他们都说好吃,你说你买不买?

人们都有一定的从众心理,喜欢吃排队最长的饭店,喜欢买人手一个的潮货,虽然嘴上说着跟别人一样的我不要,可是身体总是很诚实地去跟随,不然怎么会有流行这个词?

总结:可以用已开通黑卡的人的评论去吸引人们的从众心理。

禁果效应

人们对稀缺的事物总是趋之若鹜，数量越少、价格越贵、越禁止的东西，人们越想弄到手。

总结：可以在一些渠道用内部特供的方式包装产品，营造稀缺感。

结语

这里只是罗列出如何利用一些心理学小知识来解决一个价格决策上的问题。其实，上述的心理知识还可以套用到其他场景上，比如推荐用户购买商品、引导用户参与活动等。

只是在设计领域，人性在商业领域的应用也非常丰富和成熟，因为随着人们的物质生活日渐丰富，基于马斯洛需求层次理论，人们的需求慢慢向心理需求转变，就算是购买商品，也不再是满足刚需，而是满足一种心理状态。所以，商业模式也渐渐发生着变化。

- 以前卖的是商品，现在卖的是服务；
- 以前的导购是品类，现在的导购是场景；
- 以前满足的是用户需求，现在解决的是用户痛点。

一切脱离物的本身，一切回归于人性。所以，无论在产品设计中，还是在日常生活中，多关注人们的内心，虽然不一定能够听到他们说什么，可一些小细节会给你一些惊喜。

13
设计打动人心的瞬间

俞 静

Aha Moment——这个表达是由德国心理学家及现象学家卡尔·布勒在 100 多年前首创的。他当时的定义是"思考过程中一种特殊的、愉悦的体验,期间会突然对之前并不明朗的某个局面产生深入的认识。" 现在,我们多用 Aha Moment 来表示某个问题的解决方案突然明朗化的那个时刻。

衍生到产品中，Aha Moment 就是你的用户发现产品的内在价值，并形成黏性，产生留存的那一瞬间。再具体到产品体验层面，Aha Moment 是用户在使用产品过程中产生的一种特殊的、愉悦的体验，在此笔者将它译为"打动人心的瞬间"。这种特殊的愉悦可能是因为一个贴心的功能，也可能是一个精妙的设计。

一个在体验上拥有良好口碑的产品，无法单靠某个有特色的功能或设计"吃一辈子"。体验，是一系列 Moment 的集合。而体验设计，则是有意识地不断加入新的东西到这个集合里面。

在这篇文章中，笔者将结合在网易云音乐的经历，从设计的角度分享一些打造"打动人心的设计"的经验。

打造第一眼亮点

笔者一直在思考，那些在看到的第一眼就给人留下深刻印象的设计，它们之间是否具有什么共性，直到笔者看到了前卫与亲近法则（Most Advanced Yet Acceptable）。这条法则说的是：当某物品或环境拥有最前卫的形式，同时又能让人感觉到像是某样熟悉的东西时，那么它最有可能在商业和设计上取得成功。

Clear 是一款极简备忘录应用，新增 / 删除备忘的交互，好像真的在撕一张张备忘小纸条。

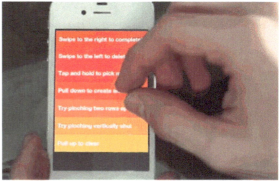

Houzz 是一款获取家装设计灵感的应用,点击屏幕即出现价格标签,标签会跟随屏幕重力感应而变化,有如置身于宜家样板房之中。

网易云音乐的歌曲播放界面像随音乐缓缓转动的黑胶唱片。

这些创意给原本冰冷的数字界面赋予了生活的温度,似意料之外又在情理之中,创造出让人印象深刻、津津乐道的体验。

所以,思考你的产品在功能和设计之间是否能找到这样一个绝佳的契合点。

你的与众不同,别人知道吗

并不是所有产品都能幸运地拥有第一眼亮点。"超过69%的移动用户最多使用一款应用10次""只有29%的用户会在90天内再次使用同一款应用"(数据来源:移动信息专家Localytics)。在大众消费产品同质化严重的今天,用户的选择很多,因此缺乏耐心,很有可能还没来得及发现你的价值,就已经离你而去了。

网易云音乐从一开始就有个性化推荐功能,只是绝大多数用户都不知道。只有很小一部分细心的用户会发现：比如当你连续听了一段时间的古典音乐以后，你的首页上会出现古典音乐相关的歌单推荐。

之后，我们对首页进行了一次改版，划分出一个单独的栏目，栏目名就叫"个性化推荐"，上线之后便收到了很多用户反馈，很喜欢我们的个性化推荐功能！

再后来，我们首页需要做全面个性化了，没有一个单独的栏目叫"个性化推荐"了。这回，为了避免重蹈覆辙，我们有意识地通过一些设计，让用户能觉察到我们的个性化推荐功能。

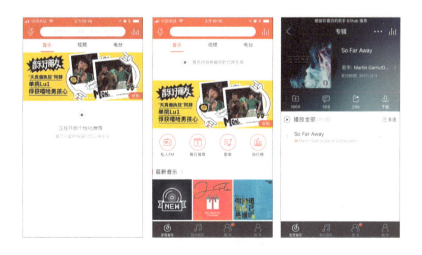

酒香也怕巷子深，请赶在用户离开之前及时告诉他值得留下的原因。

源于用户，高于用户

用户给了我们很多灵感。可以说在产品迭代过程中，绝大多数功能的优化和完善，都得益于查看用户反馈、观察用户、和用户交流。但是，"用户需要什么，我们就给什么"还不足以产生一个让人惊喜的设计。作为设计者，往往需要在洞察用户需求的基础上，发挥自身想象力的优势，向前一步。

比如，我们发现：用户在社交网络上分享歌曲时，经常会带上一句歌词，借歌词来表达一些当时的心境。事实上，我们也收到了一些用户反馈，希望在歌词界面提供复制功能。这会是个贴心的功能，但并没有产生一种兴奋的感觉。

直到在一次用户调研中，我们发现一些学生有手抄歌词的习惯，用笔将喜欢的歌词一句一句地誊写在纸张上，觉得这种形式很优雅。

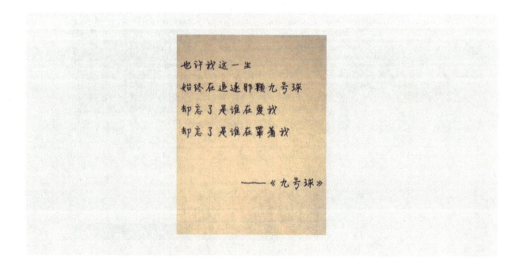

我们可以提供一些漂亮的图文模板,用户可以在我们的歌词界面复制歌词,并生成一张漂亮的歌词图片分享出去。对于触发歌词分享功能的交互,我们思考顺应用户的直觉——当用户想复制一段手机上的文本时,首先会想到长按。

歌词分享功能上线之后,很多用户反馈:这就是我想要的功能!

亲自使用、使劲用

亲身体验是发现问题最好的方式,理解用户最好的方式就是把自己变成用户。

每日歌曲推荐是我们的一个高口碑功能,它会根据你的听歌口味,每天生成一个歌曲列表推荐给你。因为对推荐问题比较敏感,有一段时间笔者每天都会点进去看看。在笔者生日这天,笔者像往常一样点了进去,突然感觉缺了点什么——每日歌曲推荐居然不知道今天是我的生日。

于是笔者就产生了生日特别推荐这个创意。在用户生日当天,歌曲列表的第一首歌是《祝你生日快乐》。

虽然这是一个一年只有一次机会碰到的彩蛋,但一旦遇到,便难以忘记。

所以，不要因为工作才去用你的产品，请使劲地用、深度地用，老天会给你一个惊喜的。作为一个大众消费产品的设计师，如果连自己设计的产品都没有经常去用，就少了很多发现问题的机会，又何谈创意呢。

寻找下一个精彩答案

在设计师眼中，广告就是体验杀手。尤其像网易云音乐这样以体验著称的产品，用户对广告很敏感。但广告是产品商业化进程中的必经之路，不可避免。我们也遇到了，而且还是在歌曲评论页。为了新增的演出票务业务，需要在歌曲评论页展示该歌手的演出信息。

评论页的广告可以做成什么样？
- 传统的贴片式广告，比较生硬；

- 前卫与亲近法则，增加拟物的趣味性；
- 与评论列表形式统一，演出未尝不可点赞，身体不去的时候在精神上支持一下也行吧；
- 增加拟人的趣味，是不是更像歌手本人在与你互动呢？

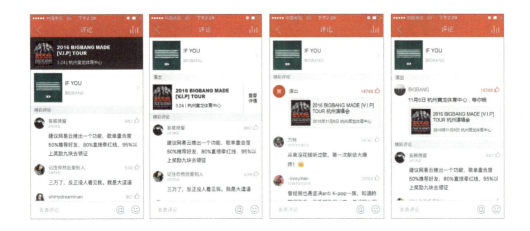

找到解决方案是你的工作，但创意的过程是在找到一个解决方案之后还要想有没有更好的方案。

不要埋没设计师最擅长的情感力

下图是歌曲评论页、评论框的默认文案，似乎没有可用性问题。

但如果是这样的文案，用户看到会不会为之一笑呢？

电音版		嘻哈版	
别光抖腿，说点啥吧	☺	用你的 freestyle 评论几句吧	☺
摇滚版		民谣版	
躁动的灵魂不吐不快	☺	我知道你不是一个没有故事的人	☺

这些设计上的小心思，给用户带来了愉悦，但它们往往无法用数据衡量，只能用心、用直觉去感受。

还有流畅的页面转场、匠心独具又恰到好处的动效……这些设计往往会因为版本开发时间紧、性价比不高等因素而被列为低优先级。在经历过数次不被重视之后，设计师容易产生自我怀疑。

一个注重用户体验的产品，设计师在团队中应该是最具感性力量的一个角色。这些创意无法通过用户调研得出，也无法通过数据分析得出，这些创意来源于设计师对产品真心的关注，力求在原本千篇一律的功能上为用户创造出不一样的体验。

建立联系

我们希望赋予"签到"这个动作一些实际的功能。市面上的"签到"功能无外乎两种：
①点击"签到"后给予简单的积分增加的提示（网易云音乐的现状）。
②点击"签到"后进入一个页面，展示一些积分的用途，如积分可兑换的商品（多数电商网站的做法）。

用户是带着听歌的目的来到网易云音乐的，如果直接照搬电商网站的做法，势必会让用户感到突兀，给产品体验带来负面影响。除了展示积分的用途，签到还能带给用户什么？如何让签到变得既有用又有趣呢？

我们从用户为什么要点击"签到"展开联想:

每天签到→每天要进行的一种仪式→每天翻日历。

网易云音乐里面的日历是怎么样的呢?

日历 + 音乐→音乐日历,日期 + 音乐相关元素→每天一句精选歌曲评论。

于是,"乐签"这个创意诞生了,将"签到"打造成"每天翻一页音乐日历"的体验。因为每天看到的内容不一样,"签到"变成了一件让人有所期待的事,用户变得乐于签到。

同时,签到推歌让用户多了一种发现音乐的方式,也增进了用户之间的互动交流。

乐签上线之后的用户反馈

结语

如果说，设计有什么终极力量的话，那就是整合的力量。在笔者的工作经历中，所有的创新设计经历，几乎无外乎是这样一个过程：前期获取可能获取到的任何信息，不断梳理加工，突然灵光一闪，在某几个点上建立了联系，碰撞出一个令人兴奋的想法，然后通过专业的设计技巧，最终呈现在用户面前。

另外，对于你投身的工作，你有多大的热情，真的很重要。它决定了你能为之付出多少努力和毅力。保持热情，不忘初心。

UEDC
Design

第三章

方法思考

14

用体验设计思维做官网：B 端产品官网设计实践

胡熠枫

作为交互设计师+半个产品经理，笔者经历了数个网易 B 端产品从无到有的搭建过程，巧合的是，笔者都负责过这些产品的官网设计。官网设计考验交互设计师的产品思维和信息设计能力。虽然官网的页面数量不多、界面交互也不复杂，但想做好并让用户在访问官网后能完成注册、转化甚至购买，在内容和传达这两方面有很多值得思考和下苦功的点。

设计官网,简单来说就是讲故事,让目标用户通过这个故事了解产品,对产品产生兴趣并最终转化为实际用户。要讲好这个故事,其实可以参照行文的思路:言之有物,言之有序,言之有情。

言之有物

> 君子以言有物,而行有恒。——《周易·家人》

"言之有物"指文章或讲话的内容具体而充实。

"言之有物"即官网的内容设计。内容是官网的最核心支柱,在内容基础上才能衍生出各种各样的交互表现形式。官网的内容不仅仅要充实具体,还要对用户有价值,进而才能为产品带来转化。

接下来将详细论述该如何从无到有确定官网内容。

1.产品本身的介绍

一般来说,设计师设计时最先想到的内容应该是:我们的产品是什么?想回答好这个问题,要求设计师对自己的产品非常了解。

"产品提供什么服务,解决什么问题"即产品的核心价值,围绕这个中心可以衍生出许多内容。比如:

- 用户痛点和行业痛点。
- 用户使用产品的场景。
- 产品本身核心功能的特性介绍。

- 产品对相关行业提供的解决方案。
- 产品价格。
- 产品提供的服务支持。

下图是从云信官网中截取的关于产品本身的内容，内容包含云信提供的功能点、解决方案架构、技术支持服务。

通常，经常与产品经理沟通就能够很好地输出以上这些产品相关的介绍内容了。但输出这些内容只是达到了及格线，交互设计师还需要发挥体验设计思维的优势，继续完善和把控内容。

2. 用体验设计思路继续完善内容

产品官网实际上是用户与产品的一个接触点，我们需要把官网内容放到一个完整的体验流程里来看，下图是一个非常粗略的用户体验路径。用户一定是在某些前置条件得到满足之后，才开始访问官网；了解官网的内容之后，接下来会有进一步的动作或者到达目的地。其实，这就是设计师在平时工作中会思考的：一群怎样的用户在什么样的场景下访问官网，并最终要达到什么目标。

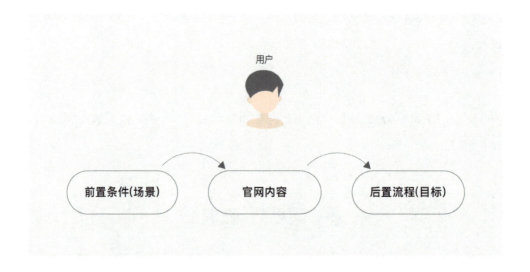

场景分析:用户是带着怎样的前提来到官网

这个前提就是运营推广和销售策略。以下是需要了解清楚的一些相关要点:

- SEO,搜索词汇和广告投放。
- 售前是如何介绍产品的?
- 市场推广的侧重点是什么?
- 用户来自怎样的渠道?是否来自运营活动?
- 用户是否已有相关竞品的体验?

以云信为例,云信前期的用户拉新工作主要分为两块:一块是网站 SEO 的优化和搜索词汇互联网广告的投放,用户会通过搜索关键词或者广告进入官网,因此网站应当与搜索词或广告内容相匹配。另一块是线下推广,比如在相关技术的线下论坛发放优惠券吸引用户进入网站,这时候我们的网站就要有明显的优惠券兑现方式。

所以，搭建官网时要与运营、市场的同事密切配合。由此产出了一些新的内容，包括但不限于：

- 产品品牌背书。
- 运营推广内容落地。
- 营销承诺兑现。
- 内容的统一话术。

用户分析：他们是谁？他们关注什么

B端产品相较于C端产品有一个比较特殊的点，即用户角色会有明显的划分，分为决策者和使用者。使用者是真正使用产品的人，但决策者能够决定一个企业是否采购我们的产品。很明显，B端产品的官网主要目标用户是决策者。决策者和使用者有哪些不同呢？主要是对产品的关注点不一样。使用者可能更关注易用性，而决策者需要站在更高的角度来评估产品，比如是否能提高企业的整体工作效率、产品的性价比、后续的服务支持等。所以，我们的官网需要针对这群人的关注点提供相应的内容。

角色划分	**决策者和使用者**
	toB产品的销售对象往往是企业中拥有决策权的领导

关注点	**用户最关心什么**
	企业利益，性价比，服务

以笔者正在参与的一款针对传统行业的孵化产品为例。官网面对的主要决策者是企业的高层管理人员。他们需要站在企业角度考虑产品能带来多少价值（简单来说就是效率和利润）。而且所处的传统行业对新鲜事物接受度不高，所以他们尤其在意企业资料的安全性。

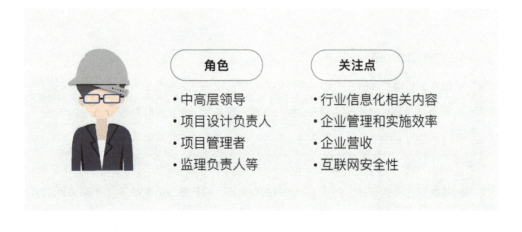

因此，我们在这个孵化产品的官网中就专门加入了针对资料安全性的介绍。

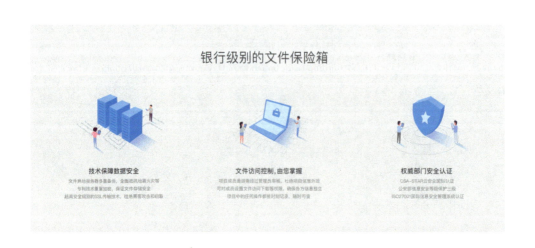

在官网上针对目标用户的关注点要有相应的内容承载。例如：

- 企业既得利益。
- 投入产出比。
- 产品的后续服务支持。
- 相关敏感信息呈现。

目标分析：拆分用户目标和产品目标

用户在前面提到的场景下来到网站，肯定是有他们要达成的目的。比如，通过搜索关键词来到网站的用户会需要强相关的产品内容和更详细的资料；而通过运营销售渠道进入的用户则可能更需要活动承诺的兑现。

而产品目标很直接，就是希望能够提高转化。对此，可以通过注册引导、预留销售线索、产品试用等内容来达成。

（用户目标）**所以用户对网站的期望是：**
产品强相关，营销承诺兑现，获取详细信息资料

（产品目标）**转化！**
销售线索，用户注册，付费，产品被使用

所以，官网上还需要一些用来达成用户目标和产品目标的内容。比如：

- 相关资料下载。
- 产品试用下载。
- 客服咨询。
- 潜在客户线索获取。
- 注册转化。

3. 内容汇总

在上文中，我们已经输出了产品本身价值的介绍内容，在分析用户体验路径的过程又梳理出了一些需要额外补充的内容，官网整体包含的内容可以汇总成下图所示内容。

那么，这样简单地将全部的内容堆砌在官网上就可以了吗？当然不行！

产品故事的内容有了，接下来该考验交互设计师如何让用户能听懂这个产品的故事。

言之有序

> 言有序，悔亡。——出自《周易·艮》

"言之有序"是指说话和写文章很有条理、易于理解。

"言之有序"就是传达设计：如何把内容有效地传达出去？如何让用户更容易接收内容和理解、消化内容？笔者认为可以从三个方面着手：内容重组，内容展现，文案传达。

(内容重组)   (内容展现)   (文案传达)

1. 内容重组

人们接受新的事物和信息时，都会按照由浅入深、由概括到具体的顺序。官网中的内容也可以按照这样的顺序呈现给用户：形成印象，大致了解，选择性深入，转化行为。下图可以说是一种按序展示官网内容的"套路"。将已有的、零散的官网内容按照用户的认知顺序，进行逐一分配，就可以规划出内容大致的展现顺序了。

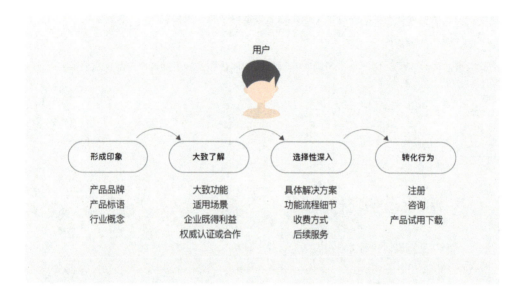

但是值得注意的是,"套路"不一定适合所有产品。为什么这么说呢?这里以笔者做过的两个 B 端项目(一个是云信,另一个是网易孵化产品)为例进行说明,以下是两个产品官网的对比。

我们会发现，右侧的孵化产品的官网比云信的官网多了一个行业案例，且将这个模块放置在了很上面的位置。

这种差异性是产品本身的特性和不同目标用户的特点导致的。

云信这款产品是 B 端的技术导向型 PaaS（平台即服务的商业模式）产品，其所处的互联网行业相对成熟、开放，它的用户是中小型研发团队，用户对自身痛点和需求非常明确，看重功能和技术细节，所以在官网重要位置放置功能是毋庸置疑的。

而孵化产品是 B 端的泛工具产品，其所处行业较为传统、封闭，用户是传统 PC 软件使用者，比较难意识到自身的痛点，对解决方案的理解也比较模糊。所以，需要浅显易懂的行业领先案例作为号召和说明，以便让这群用户更容易了解产品。

通过以上案例可以看出来，我们在做具体的内容组织时还需要考虑到以下两点：产品特性和用户特性。

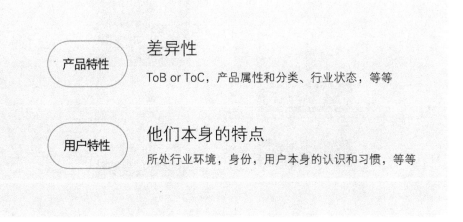

2. 内容展现

内容展现形式主要有四种：文字、图片、视频、功能试用。在官网上要多种形式配合来传达内容，有些内容适合用文字、图片进行描述，而有些内容过于复杂，可能就需要通过视频来介绍。一些比较讨巧的网站还会提供具体功能的直接试用，让用户第一时间接触产品。

至于要选择什么样的形式来展现内容，需要根据具体情况进行分析，笔者认为可以从以上四个维度来考虑，比如要将复杂的业务流程传达给用户时，为了提升认知效率，可能需要视频；但考虑到传播推广成本，图文可能会更好。

以下是几个比较典型的官网上的产品介绍形式。

3. 文案传达

如果想把产品介绍写成可读性强的文案，需要站在用户的角度进行描述，要选择用户能懂的词汇，而非功能术语的简单堆砌。以市面上各大网盘的"PC 同步盘"这个概念为例，当你需要向用户介绍这款软件时，你该怎样描述？特别是当目标用户是一个在传统行业执业多年又不太能接受新鲜事物的人时，我们需要怎么做？我们可能需要对"同步盘"这个词做拆分，直至用户能够在他的认知范围内明白其含义。

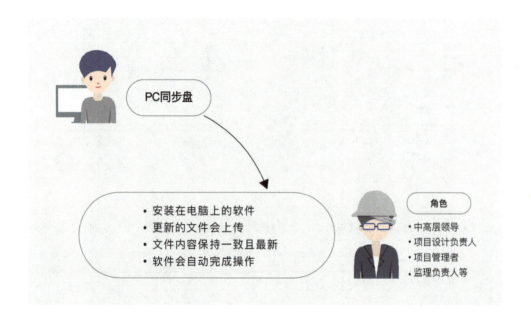

"文案能让用户听懂"可以让内容传达效率达到 60%。但是如何做到出彩,让用户更容易理解和记忆,可能需要另外一个技巧:跨界,也就是使用贴近用户实际场景的话术。

具体思路是:抽取当前产品的优势,这些优势可以用一个用户最能理解的现有的词来类比,接着将这个词与现有产品结合形成新的文案。最终这个文案在用户能够理解的同时又能反映出产品的优势。

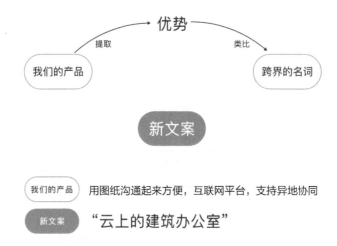

其实到这里,官网的内容已经搭建了 80%。我们的故事已经饱满、充实、又易懂,但还需要一点情绪的催化剂,让我们的听众也就是用户能更好地认同和记住这个故事(达成转化)。

言之有情

> 诱之以利,动之以情,晓之以理 —— 出自《论语》

"言之有情"指用感情来打动别人的心。

"言之有情"其实就是情感化设计:打动用户,让用户产生难忘的印象并且促进转化。笔者认为这是一个贯穿始终的过程。在做上述内容设计和传达设计时,都应该结合情感来考虑。

下图是我们设想或者说期望的用户在官网上的情感体验过程。首先，让用户对产品形成一个好的印象，这个印象包括品牌气质和整体视觉感受。接着，让用户带着这个印象去接收内容，为了让用户能够读下去，需要让用户产生兴趣，也就是唤起用户的兴奋点。接下来在内容中让用户产生"共鸣"这一类的感受。最后推一把，让用户信任我们，从而达成转化。

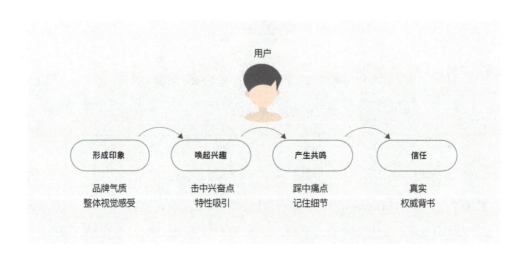

1.形成印象

官网需要成为用户与产品之间情感化的纽带。用户对官网的第一印象是非常重要的，我们要向用户传达产品的品牌价值观。

举个例子，钉钉和Teambition。这两家都是做项目协同工具的企业，但是两者的气质非常不同。

钉钉面对的用户是中小型创业团队，他们与传统行业很不一样，年轻、充满活力，所以钉钉的Slogan是"酷公司用钉钉"，并且配套短视频也是表现独特的工作种类等。

而 Teambition 则认为他们在帮用户寻找理想的工作方式，因此，轻松、简单、明快是 Teambition 整个官网的调性，包括品牌宣传视频也是如此。

可以看到，这两个产品从一开始的产品宣传印象就可以打动目标用户的心。

2. 唤起兴趣

有了这样的印象之后，要接着引导用户往下看，唤起用户的兴趣。如何唤起兴趣可以参考"男默女泪"的标题党做法。

- 李彦宏给年轻人的 20 句忠告。
- 乔布斯认为年轻人最重要的品质是……
- 惨不忍睹！快告诉你身边的人要小心……
- 20 条经验总结 5000 年文化精华，不看后悔！

虽然这些标题党名不符实，但是给我们了一些思路。他们有的用权威代表来吸引用户，有的用夸张的负面消息吸引眼球，还有的用看起来真实的数据来充当标题。这样做虽然很俗，但确实很有效果。点击率很高的这些标题其实都是在尝试寻找用户的兴奋点。

在孵化项目中，我们也采用了与行业领军企业合作的案例来吸引目标用户，如下图所示。这样做不仅能吸引眼球，也能实现一定的口碑传播效应。

3. 产生共鸣

引起了用户的兴趣之后，就要开始让用户产生共鸣并认可我们。最简单的方法是通过踩中用户的痛点并且详尽地描述痛点细节，当用户感同身受的时候，再告知用户我们能解决痛点，这时用户就能较为容易地认可我们的解决方案，且记忆深刻。用户会记住这个场景、这个细节，同时也就记住了我们。

踩中痛点　　你们的痛，有那么痛，而我们懂

放大细节　　用户记住的往往是那些细节

在钉钉官网的盒马生鲜的案例中,有这样一个细节:员工经常要处理海鲜,手被水泡过以后,指纹很难辨认,导致上下班打卡困难,钉钉的 WiFi 打卡功能解决了这个问题。如果直接向用户介绍这个打卡功能,用户可能会一听而过,但通过这个细节场景,用户感同身受,将会记忆很久。

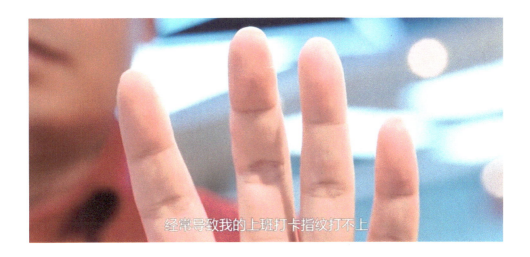

4. 信任

如何获取用户的信任?获取用户的信任不仅仅是保证内容的真实,更要让用户感受到真实。所以,在很多官网中可以看到视频这种形式,通过拍摄的真实的案例、真实的现场、真实的用户来讲述他们使用产品的过程,会大幅增加用户对我们的信任感。同时,相关的背书,如权威机构的认证、与行业领先企业的合作等也会增加用户的信任。

可以发现，情感化设计其实涉及官网内容设计和具体的传达设计。

结语

到这里，用户已经完成了对整个官网的体验，经历了从期待到信任的过程后，用户转化已经不会有问题了，我们的官网设计也就完成了。

简单总结一下，搭建一个产品官网的整个设计思考过程分为以下三个方面：内容设计、传达设计、情感化设计。

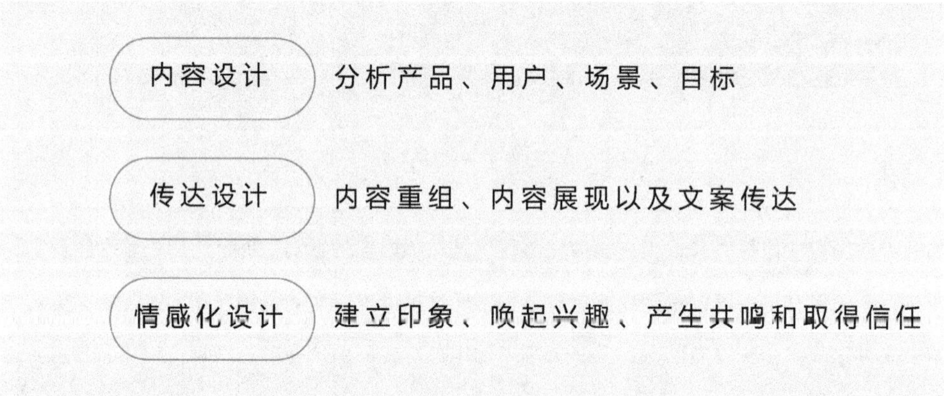

- 内容设计　分析产品、用户、场景、目标
- 传达设计　内容重组、内容展现以及文案传达
- 情感化设计　建立印象、唤起兴趣、产生共鸣和取得信任

经过上文的分析，可以发现，其实官网设计的思考是比较复杂的。但万变不离其宗，我们使用的设计思路是共通的，即分析用户场景目标，以合适的展现形式结合情感化，让用户理解和认同。

15

控制感，为用户体验加分

魏永振

无论商业产品以什么形态呈现在我们面前，其核心目的都是：希望潜在用户做出有利于其自身的行为。以我们常见的超市为例："商品促销，特别是以某种主题的促销（如中秋节、圣诞节）都放在门口最醒目的位置，让顾客一下子感知到'来对了'。生鲜果蔬一般利用较大的容器、平台展示，以通过大面积的、鲜翠欲滴的、高饱和的色彩来愉悦用户心情并吸引用户将它们放入购物车。"类似的做法还有很多，其目的都是方便顾客做出有利于超市的行为——购买。

如今互联网技术将我们所服务的产品形态从真实的物理空间挪到了屏幕中,作为从业者,设计师的工作内容有些类似于商超空间规划、商品布置、购物路线规划等工作。设计师要尊重用户的意愿,也要努力做到用户和产品的双赢,其方法之一就是为用户塑造较强的控制感。控制感在为用户提供确定感、安全感的同时,还能增加用户心理上的愉悦感,这也是用户体验的目标之一。

我们需要控制感

什么是控制感?控制感是心理学的概念,在安全需要中处于确定感、安全感之上,也包含确定感和安全感。本文为方便理解,将控制感解释为:"在使用互联网产品和服务的过程中,通过自主操作达成目的而产生的确定感、胜任感以及安全感。"反之,如果没有控制感,将会出现"由于对未知事物的不了解、无预期,用户会不确定和迟疑;由于不熟悉,用户会经常出错、失败,导致习得性无助;由于不确定与无助,用户会放弃使用产品或恐惧使用产品。

控制感可大致分为首要控制(强调通过自身做出行为来改变环境)、次要控制(强调通过自身调节来适应环境),以及利用控制感塑造控制错觉(即由于控制感的存在,人类往往高估自己对事件的控制程度而低估运气或不可控因素在事件发展过程及其结果上所扮演的角色)。这种控制错觉在日常生活中无处不在,如:

- 打游戏时,我们往往会粗暴或高频地按键,虽然明知无用,但我们依然很卖力。
- 在赌博游戏中(如掷骰子),我们会很认真地做一些仪式性的动作(揉手、用力、吹气、大喊等),以此来期待自己可以控制这个结果。
- 买彩票时我们往往会倾向于自选号码,即使我们知道中奖的概率一致。

控制感可以帮助用户打破对陌生事物的恐惧和迷茫,激发用户调试自己以适应陌生事物,从而提升过程中的效率和准确性,将未知和不可控因素转化为熟知、可控、可胜任的工具。

保护控制感

任何概念、产品、信息从产生到产品化,再到用户接受都会存在三个阶段,分别是:

1.概念设计:团队根据资源、经验、市场环境,定义产品的原生概念(产品诉求、差异化策略),并因此决定产品呈现。

2.产品呈现:产品呈现是把概念设计通过信息选取、交互语言定义、视觉呈现等方式将产品推到用户面前,是产品物理化的过程,也决定了用户理解难度。

3.用户理解:用户基于自己的心理认知(取决于知识、经验、环境)对产品进行理解、认知和使用。

三者的关系永远是:概念设计≈产品呈现≈用户理解。

概念设计	≈	产品呈现	≈	用户理解
取决于资源、经验、市场环境		取决于技术、信息、视觉		取决于知识、经验、环境

三者的偏差越大，其操作预期差距和使用难度就会越大，不确定性和挫败感也就越强，控制感也就越弱，反之则控制感越强。

由此可见，目前交互设计中的一些原则（如可见性、一致性、熟悉度、导航、恢复、约束、反馈、灵活等）以及方法（如经验继承、记忆调取、用户学习等）皆在缩小偏差或者修补偏差，以避免控制感的缺失或者保护用户的控制感。除此之外，我们还需要添加其他内容或运用更合适的方式来保护用户的控制感。

1. 正确的响应方式

用户输入操作、系统做出响应是最基础的交互之一。单从响应速度上来讲，响应可以分为两种：即时响应和过渡响应。

一般认为，响应时间越快越好（即时响应），越快越能强化用户的操控感（控制感）。如响应时间 ≤ 0.1s，用户认为系统响应是及时的；0.1s< 响应时间 ≤ 1s，用户认为系统是有响应的。竞技类游戏（CS、DOTA）对于角色、技能的控制感知最为明显。

但有些情况并非响应越快越好，而是应该在可以容忍的时间范围内增加一些过渡环节（过渡响应），来保护控制感。如针对 list 形式的数据增删操作，由于内容相似性过高，导致 list 中移除或者插入一条具体内容（外显一般都是周边内容上下移动）时，即时响应不能够在视觉上打破用户的感知阀限，导致用户无法识别操作后的变化，从而产生视觉无感知的疑惑。所以，在此类情况下，我们需要增加过渡环节，通过打破感知阀限来让用户明确感知到操作后的反馈，保护用户对响应的感知，如下图所示。

类似的操作还有很多，如反馈元素与操作元素不在同一个视野内，也需要增加过渡环节将两者建立关系，电商网站将商品加入购物车的引导动画，除增加趣味性之外还通过过渡环节来给予明确的反馈，保护用户的控制感。

2. 解释性控制：传递意义帮助用户掌控产品

解释性控制属于次要控制范畴，强调个体从情境和事件中寻求意义来获得控制感。互联网产品中也有类似的内容，如有一些针对企业类的SaaS模式的应用服务、检测工具（手机安全助手）、自我量化工具（智能手环）等，产品的首页往往是通过一些或一组精准细分的数据指标来反应产品运行情况。这些数据中有些是与业务紧密相关的，有些仅是统计记录，有些意义不明显，有些可能无关紧要，可无论这些数据意在如何，它都在进行意义传递，即告知用户："你正在全面地了解产品、掌控产品"，如下图所示。

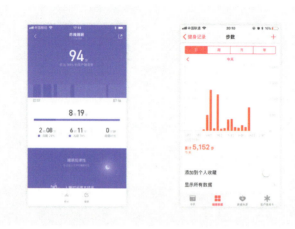

自我量化工具将各个身体指标的数据进行记录、展示,然而数据本身细微的变化对你意味着什么?你会根据这些数据制订下一步的作息计划吗?也许会,也许不会,但无论如何,这些数据都给了我们一种感觉,即:"让我们感觉到自己的身体尽在掌握。"

3. 替代性控制:通过权力他人获得控制感

替代性控制也属于次要控制的范畴,是指个体在某些不可控情境中通过权力他人(通俗地理解为发号施令、指挥别人)来获得自身控制感。同样,互联网产品中也存在很多类似的替代性控制操作,常见的替代性控制有如下两个。

提醒卖家发货

淘宝产品中的"提醒卖家发货"功能本身是一项业务功能,但在控制理论中还有权力他人的体现。如果卖家长时间没有发货,买家心理不愉快,有可能会投诉、撤单,而增加提醒卖家发货的功能,会将买家一部分的不愉快引向此功能,同时获得了一种权力他人的感受,如果发货时间和买家的提醒时间接近,还可以营造一种控制错觉。

投诉卡顿

同样,在使用视频应用观看视频时,由于各种原因会出现视频卡顿的情况,"投诉卡顿"除了给产品收集数据的通道,还给了用户一个权力他人的通道,投诉卡顿的时间还有可能换来网络加载时间,使原来的卡顿变得不卡顿,从而产生控制错觉。

4. 利用控制错觉打破恐惧和疑惑

在一些电梯的设计应用中,电梯制造商为了提高电梯的安全性,需要把人的可控性降到最低。因为当电梯出现问题的时候,频繁地开/关、盲目自救是非常危险的,所以,有些电梯会设

计使用一个闭合的系统,除了少数几个键(如选择楼层,开门等)是由人控制的,其他的键尽可能自动控制,以提高运行的安全性。以此为考虑,关门键可能是一个没有功能意义的按钮,无论按或不按,电梯都会关门,那为什么还需要这样一个按钮呢?答案也许是关门按钮是安慰按钮,用以消除没有此类按钮带来的疑惑或恐惧,营造"控制错觉"。

同理,互联网产品中也存在很多类似的安慰按钮。

邮件的"收信"按钮

"收信"按钮是邮件客户端中必不可少的功能,因为本地邮件与网络端邮件无法实时同步,需要一个"收信"按钮。而目前来说,网页端已经是实时同步了(不用点击就可以收信了),那么"收信"这个按钮就显得多余了。但如果没有"收信"按钮,用户就会损失自由控制收信的控制感,如此来看,收信按钮也有安慰的作用。

Chrome 的书签功能

Chrome 在添加书签时，为用户做了实时保存功能，当用户点击"加入书签"时，Chrome 会为你将页面添加到默认书签文件夹（或上次的选择）中，无须再点击"完成"按钮。所以从功能和便捷性上来说，完全不需要"完成"按钮。但如果没有"完成"按钮，徒增了保存成功与否的不确定性，也使得用户缺少了对整个操作的控制感。

目前，一些互联网产品表单中的输入控件也做到了自动保存。因此，减去了"确认/保存"按钮，以使得流程设计过程中减少一步点击和操作，但这很有可能是好心办坏事，因为减去操作的同时也减去了用户的控制感。

5. 避免习得性无助

习得性无助是美国心理学家塞利格曼提出的一个概念。随着新产品的复杂性、新奇性的增加，以及产品使用场景的多变，用户操作经常会出现停止、被打断，从而导致失败，多次的失败必然会导致习得性无助，如果在错误出现之前引导或限制用户，避免失败产生也有利于提升确定感。

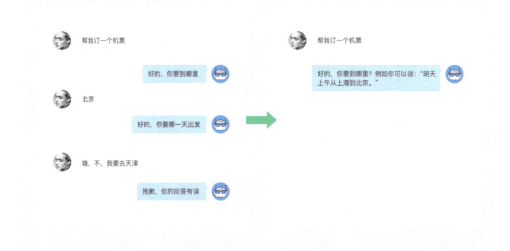

如在语音交互设计中,由于自然语言输入是无限制的,所以用户可以随时输入或修改信息,但产品的范围和策略有所倾向和取舍,往往无法满足用户。如果在使用过程中对可能出现的关键时机给予引导提示或启示告知,以引导或显示用户说法,也是保护控制感的方法之一。

保护控制感,提升用户体验

人机交互设计的核心之一是定义人和应用的角色,即定义哪些操作是由人完成,哪些是由应用(产品)完成。此外,应用(产品)在从属关系上从属于人,即用户在使用产品的过程中能够控制产品或者感知能够控制产品,并利用其满足自我需求,同时应用(产品)应该根据自己的角色来进行选择性呈现,以此来促进人的行为产生。人的感知、产品、行为是相互促进的,如下图所示。

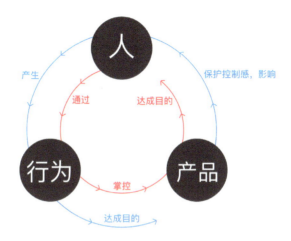

用户通过自己的操作（输入、选择）来控制产品，并通过产品来达成自己的需求。产品根据自己的角色定义以及一些设计原则和保护用户控制感的方法，让用户获得确定感、安全感，从而感知产品被控制，对产品产生信任和依赖，即：

1. 通过正确的响应方式、响应速度（并非越快越好）等来打破感知阈限，让用户清晰简单地了解操作后的反馈，减少疑惑，增加产品使用过程中的确定感。

2. 通过解释性控制，将各种信息整理后数据化显示，使用户产生一目了然、掌控全局的感觉，增加产品使用的安全感。

3. 通过发号施令、权力他人的方法来控制他人，消除用户对产品的抱怨并获得心理上的控制感。

4. 利用安慰按钮营造控制错觉，消除使用产品过程中的迷茫和恐惧感，为用户带来安全感。

5. 通过关键时机的启示性设计，来告知用户如何做，避免任务失败带来的习得性无助，保护用户的控制感。

综上所述，控制感应避免用户在使用产品过程中产生不确定、迷茫、恐惧、无助等感知，促进用户产生确定感、安全感，从而使用户信任产品乃至依赖产品。这是用户使用产品的开始，也是产品在感知上保护用户的措施，是用户使用产品不可或缺的一部分，也是用户愉悦感的重要组成部分，更是提升用户体验的重要方法之一。

16

结构化思维初体验：猛犸平台优化实战

陈珂

每逢 Outing 季节，大家都喜欢出去旅行，自由行是越来越多人的选择。而如何制定旅行计划，让你在异国他乡享受一段美好的旅程，很多人却犯了难。去哪里？什么时候出发？选择什么路线？住在哪里？要带哪些物品……这似乎是一个很复杂的工程。这里分享一个笔者的方法，通过一个结构图把旅行中的方方面面都罗列出来，这样是不是就有头绪了？

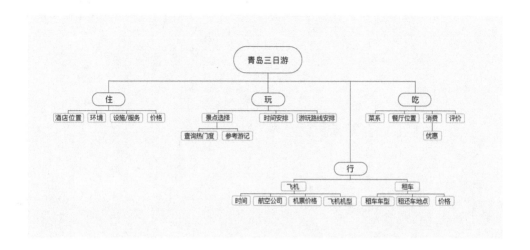

从图中可以看出，笔者先定下了一个目标，然后一步一步拆解，把复杂的问题简单化，最后各个击破。这其实是应用了一种叫"结构化思维"的方式来解决问题。

什么是结构化思维

结构化思维是指一个人在面对工作任务或者难题时能从多个侧面进行思考，深刻分析导致问题的原因，系统地制定行动方案，并采取恰当的手段使工作高效地开展，取得高绩效。

上述内容理解起来还是有点复杂，笔者认为结构化思维就是当我们面对一个复杂问题时，通过一些方法将这个复杂、晦涩的问题拆解成一个个简单清晰的小问题，然后找出解决问题的方法。为什么要这么做？因为我们的大脑更擅长处理简单有规律的信息。如下图左边的信息纷乱如麻，但经过结构化思维的处理，就给内容建立起了清晰的层级，大脑处理起来自然更快。

让思维结构化的方法有哪些

面对难题时,我们首先要把思维结构化,然后拆解这个难题,最后完美解决。但是如何才能让思维结构化?芭芭拉在《金字塔原理》一书中给出了两种方法。

1. 方法一:自上而下找结构

当我们面对一些熟悉的领域或者习得了一些"套路"后,脑子里就会冒出一些结构框架,这时我们只要顺着这些框架往下分解就很容易得到一套完整的结构图,例如文章开头提到的制定出游计划。因为经常组织团队活动,笔者已经有了一定的结构积累,所以笔者很快想到应该从"吃、住、玩、行"这几个方面向下拆解扩展,再进行适当地查漏补缺就完成了整个结构图。

2. 方法二:自下而上找结构

个人的知识体系总是有限,让我们伤脑筋的问题很多是来自于我们不熟悉的领域,例如,我们设计师每天在解决的各种问题。所以,当我们面对一个问题毫无头绪时,应该怎样去建立一个清晰完整的结构?从哪里突破?这时就需要用到"自下而上找结构"的方法,笔者认为这也是结构化思维最具价值的地方。当你不清楚可以用什么框架的时候,以下四个步骤可以让思维结构逐渐清晰。

第一步：信息归类。

第二步：信息分组。

第三步：结构提炼。

第四步：完善结构。

下面以实际设计工作为例，看看如何按照这四个步骤自下而上找到结构。

笔者目前负责猛犸大数据平台的交互设计，该项目是网易数据科学中心研发的一站式大数据开发计算平台，面向企业用户，让企业可以集中管理和清洗数据，挖掘数据价值。简单来说，就是一款数据管理和清洗的 B 端产品。研发初期，一直快马加鞭地进行功能开发，有了雏形之后开始结合用户的使用反馈和可用性测试结果，对产品进行了一次用户体验优化大改版。

根据收集到的用户反馈和可用性测试结果，我们对问题进行初步筛选、归纳后得到如下的列表。

1. 测试运行过的节点在打包发布时还要再选一遍，有点记不住呀
2. 运行结果咋在右侧，我都看不见
3. 啊，你们的底层实现是要把不需要的挑出来么
4. 新建数据表、新建任务我怎么找不到
5. 打包发布要怎样操作，我不知道如何下手
6. 运行的结果这么小的图标，而且我不太理解图标的含义
7. 咦，点击调度就全部开始调度了？这太危险了
8. 这里的节点可以拖曳啊，我还以为是图例呢
9. 我上调度的节点能帮我记录状态就好了，那样我就能一目了然了
10. 我只想运行我组建任务里的一条分支，但找不到操作入口
11. 我想对上调度的任务设置个报警，在哪里设置
12. 任务保存成功或失败的提示不易发现
13. 咦，右上角还有四个操作啊，颜色太浅、太不明显了
14. 节点运行的详细信息是要单击节点才出来，那谁会知道啊

第一步：信息归类

仔细阅读问题，并进一步分析，把有关联的问题用线连接。例如：问题 2 和问题 4 都在说功能不容易发现的问题，所以把它们连接在一起。以此类推，最后得到下面的信息连线图。

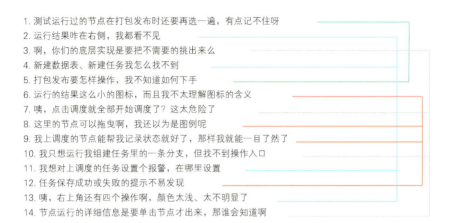

第二步：信息分组

根据连线的情况，就能迅速整理出 4 个问题大类，如下图所示。

A

1. 测试运行过的节点在打包发布时还要再选一遍……

5. 打包发布要怎样操作，我不知道如何下手

B

2. 运行结果咋在右侧，我都看不见

4. 新建数据表、新建任务我怎么找不到

11. 我想对上调度的任务设置个报警，在哪里设置

13. 咦，右上角还有四个操作啊，颜色太浅、太……

C

6. 运行的结果这么小的图标，而且我……

8. 这里的节点可以拖曳啊，我还以为是……

9. 我上调度的节点能帮我记录状态就好……

12. 任务保存成功或失败的提示不易发现

D

3. 啊，你们的底层实现是要把不需要的挑……

7. 咦，点调度就全部开始调度了？这太危……

10. 我只想运行我组建任务里的一条分支……

14. 节点运行的详细信息是要单击节点才……

第三步：提炼结构

在连线过程中，对各组内容已经有了大致的思考，A 组是任务场景没有做区分的问题；B 组是功能可发现性问题；C 组是提示、引导的问题；D 组是操作的用法和用户想的不太一样。进一步组织语言，用更书面的表达方式就提炼出了下图的这些结构。

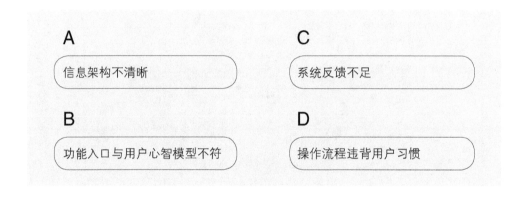

第四步：完善结构

现在我们已经从前面几个步骤中得到了一个大的框架，如下图所示。

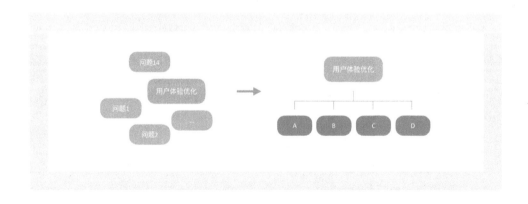

但这些框架还不够细致，所以还要进一步分解。有了大框架后分解就容易多了，可以用

前面提到的方法一，自上而下顺着这些框架往下扩展。下面以 C 组为例，对结构进行扩展。反复斟酌 C 组中的问题可以发现，第 8 条的问题发生在操作前，而其余 3 条都发生在操作后，因此这里反馈的不足可以分成操作前和操作后两大类。除此以外，联想到操作中会不会也需要反馈？遍历了整个平台的功能后，发现上传项目包时没有"上传中"的提示，而且，在这个功能中还发现：上传后成功或失败的提示都不易被发现。顺着这个思路发现了更多可优化的点，补充后的结构图如下。

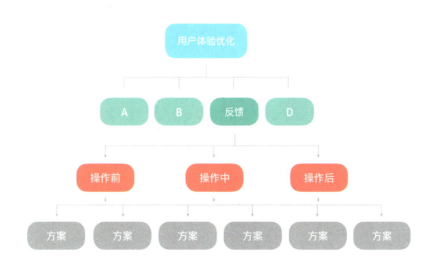

至此，问题的结构变得清晰了，针对具体问题的改进方案也就应运而生。以下是以"反馈"这个结构分支为例，选取一些典型的解决方案来说明优化结果。

3.优化展示结果

为操作提供引导反馈

猛犸平台的数据开发模块提供了可视化操作界面,用户通过拖曳不同的节点组件即可完成任务搭建。优化前,鼠标移触到节点组件只有鼠标手型指针,用户点击后没有动画提示,致使用户不知道如何用很多重要的功能。大多数用户认为单击就可以完成组件的添加,还有的直接看成了图例。优化后,鼠标移触到节点组件不单有鼠标手型指针,同时高亮让用户意识到这个区域是可操作的。点击后,节点组件放大,增加了分离的动效,引导用户进行拖曳操作。为了验证优化后的结果,再次进行了可用性测试,受邀的用户都能快速上手,根据自身业务场景拖曳各种节点搭建任务。

确保重要的反馈用户可见，并做好后续引导

猛犸平台提供上传项目包的功能，便于有丰富编程经验的用户把线下编辑的内容打包到平台上。优化前，上传根据成功和失败都给出了反馈，但是比较轻量，且 2s 以后消失。上线后，发现用户上传的项目包都比较大，导致实际操作中等待时间会比较长。而此时用户不可能一直停留在原页面，注意力早就分散到别的工作中，因此这种提示方式无法及时引起用户的感知。尤其是失败的反馈被忽略可能会影响日常工作。优化后，提示方式改成弹窗提示，且弹窗会一直停留在页面上。改进过程中，我们还了解到初次使用该功能时，很容易遇到上传失败的情况，所以在上传失败的提示弹窗中增加了可以直接重新上传或者选择新的项目包来覆盖。这样，用户无须折回上传项目包的入口再重新操作一遍，缩短了操作路径。

根据用户实际使用和产品特征选择反馈形式

用户点击"运行任务"后,平台立即反馈给用户运行结果的弹窗,便于用户了解运行进度和结果。优化前,任务的运行结果只用图标区分,因为我们认为图标的阅读效率更高。事实上,当系统达到一定的复杂度后,用户每天要处理各种任务,了解各种状态,图标反而增加了用户的认知和记忆负担。优化后,把图标简化为带颜色的圆点,且配上文字说明,含义更准确,而圆点用不同颜色也可作为辅助视觉引导。

借鉴移动端交互样式让反馈更明晰

创建的任务调试运行成功后，数据开发需要设置调度让这个任务可以定时自动运行，所以任务中的每个节点就需要两种状态：已调度、未调度。优化前，这两种状态用有底色、无底色做区分。节点较多时，状态的区分度很弱，用户要进行线上调度这样的操作时是需要谨慎确认的，这样的区分度增加了用户核验的工作量。优化后，借鉴了移动端的交互样式，加入了一个开关操作。开启表示调度状态，同时图标和外框高亮，底色也有变化；关闭表示未调度状态，所有元素都做成置灰效果，这样就能明显区分出不同状态的节点，帮助用户准确操作。

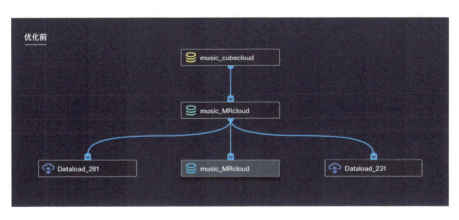

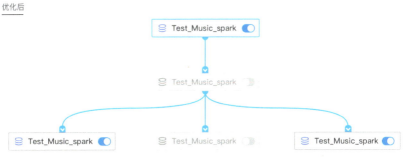

结构化思维能给设计师带来什么

通过以上实战,笔者确实从结构化思维中受益颇多。若设计师能在工作中利用好结构化思维,一定能达到事半功倍的效果。

首先,经结构化思维提炼得出的设计方案思路清晰,经得起推敲。思考方式系统化了,就能更全面地考虑问题。并且给出的设计方案层次清晰,让人一目了然。

其次,和项目内其他成员的沟通可以更顺畅。一个能把事事都抽取成结构来表述的人必定有很强的沟通能力、思维清晰,也能让他人更准确地理解表达的内容。

最后,有助于设计领域知识体系的构建。资讯爆炸的现代社会,信息都是碎片化的,如果没有结构化思维,信息只能孤立存在。俗语说:罗马不是一天建成的。使用结构化思维,逐渐建立起自己的知识体系,每当接触到碎片信息的时候,将其纳入自己的知识体系中,不断壮大它。工作年限越长的设计师,越有价值的地方就在于他自成一体的知识体系便于应对各式各样的问题。

17

对制作交互规范的思考

 朱子健　 蒋蕊遥

规范很重要

规范和秩序存在于历史和今天的方方面面。在工业时代，福特公司开发出标准化的流水线，使汽车装配效率提高了8倍；在互联网时代，Google、Apple等引领全球设计风尚的公司，大力推行设计规范以提高设计效率和统一产出体验。

网易的设计团队也十分重视规范，并以此来提升日常工作的质量和效率。举个例子，网易内部的规范实践中，我们发现以最常见的登录流程为例，设计师在参考规范后，设计时间由原来的 16 小时缩短为 4 小时，效率提高了约 75%，且产出质量更有保障。

笔者先后参与了《网易移动端交互规范》《网易蜂巢规范》《网易七鱼规范》等多套规范的制作，实践过程中总结了一些经验，希望能与大家分享。

规范制作的时机

1. 产品初期，0-1 阶段

在这个阶段，规范的主要作用是保障后续的设计能够高效、稳定、可持续。规范就像建筑过程中拉重垂线以保障墙面始终垂直，统一每块砖瓦的规格以保证尺寸统一且能互相契合。

产品初期的设计规范应该包含以下几个方面。

框架层级

明确产品的整体层级。下图是对 Web 页面的层级的梳理。

以网易蜂巢为例,层级主要分为:底层、内容层、导航层、全屏操作层、插件层和模态弹窗层(可以根据实际业务进行适当增减)。搭建好系统的框架可以帮助设计师更清晰地设计产品结构,更高效地与前端开发人员沟通。

栅格系统和常用分辨率

不论是 Web 端还是移动端,在早期都要确定好常用屏幕分辨率、屏幕尺寸的兼容性。

基础交互控件

产品前期的搭建速度很快，以基础功能为主，功能和控件上都会有大量的复用。在此阶段可以首先制定通用的交互控件，如刷新样式、时间显示、输入框等，使用控件可以提高效率且保证设计稿风格统一；更多的组件可以在交互稿设计过程中逐渐丰富进去。

2.产品成熟阶段

当产品逐渐稳定或进入拓展阶段时，一般会产生业务分支，原先设定的基础控件也会随着业务变得复杂，数量越来越多。

这个时候对规范的诉求与初期相比发生了转变，规范除了要满足初期"用"的诉求，还需要满足"看"的诉求。成熟期的规范需要作为产品的品牌设计理念和方法的学习手册，以供不断增加的成员和业务学习、认同、使用，从而产生品牌效应。

成熟期的规范迭代可以从以下几个方面进行。

分类整理

对各种已有规范进行分类，如设计准则、基础控件、复合型组件、业务型组件、最佳实践、编写模板等。

编辑成册

为了让规范好用、好看、使用范围更广，成熟期的规范需要以更多形式承载。除丰富初期的组件库以外，还可以把规范编辑成册、提供纸质文档、线上资源甚至打包代码。

七鱼交互规范文档　　　　　移动端交互规范

规范设计的流程

前面提到不同时期的规范的侧重点是不同的。初期规范的设计很大程度上依赖于产品和设计师的个人节奏，这里不做过多陈述。这一部分要介绍的是在产品的成熟阶段，或者希望通过规范指导多条业务线的场景下，集中制作的设计规范产品。

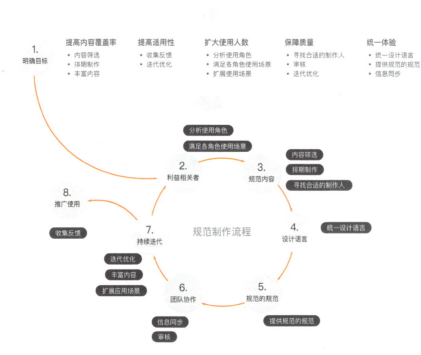

这个阶段的规范设计主要有以下 8 个步骤。

- 明确目标；
- 确定利益相关者；
- 制定规范内容纲领；

- 提炼设计语言；
- 提供规范的规范；
- 团队协作；
- 持续迭代；
- 推广使用。

1. 明确目标

规范可以帮助个人、团队以及整个企业提高生产效率和产出质量，保障用户体验的统一。总的来说，规范能够为设计师个体、企业带来的效益可以用以下模型来表示。

$$规范的效益 = 提高效率（内容覆盖率 \times 适用性 \times 使用人数）+ 保障质量 + 统一体验$$

设计规范的目标是使得效益最大化，因此，在主流程的基础上，综合考虑规范效益模型的几个影响因素，落实规范制作的设计方案如下。

2. 确定利益相关者

为了达到使用效益最大化的目标，首先需要明确利益相关者以及他们的诉求，如下图所示。

列出来的角色都有可能是我们的目标用户。比如，当交互人员不足时，运营人员可以通过交互规范中的组件搭建出简单的页面；或者前端人员在写页面过程遇到某个通用组件不清晰时，直接去查看交互规范就能解决问题。交互规范就是为这些"利益相关者"准备的"设计说明书"。

不同的角色对于交互规范有不同的使用场景。

- 交互设计师：打开"交互模板"新建一份设计稿，设计过程中使用"组件库"搭建自定义的设计方案；如果需要直接使用规范中已有的模块，查阅"线上规范"或"纸质规范"并标注链接；如果需要对规范进行调整后使用，复制一份"规范源文件"到自己的设计稿进行修改。
- 视觉设计师、产品经理、运营人员等：用相同的方法去梳理这些角色的使用场景，主要包含"规范源文件""线上规范"和"纸质规范"。
- 前端人员等："线上规范""纸质规范"和"规范源代码"。

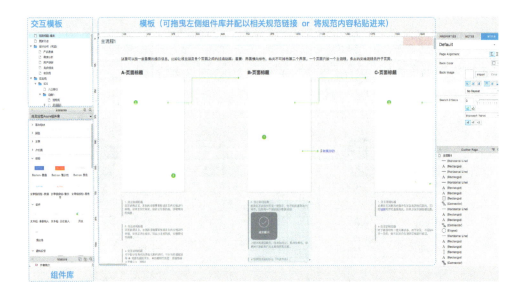

因此，要覆盖各角色的使用场景，可以产出交互模板、组件库、可使用的源文件、线上和纸质手册、代码库等产品，考虑到不同团队使用的工具不一样，可以做 Axure 和 Sketch 两套格式的规范。

清楚设计目的之后，就可以开始规划具体实施了。

3. 制定规范内容纲领

规范具体包含哪些内容？目录要怎样设计？每项内容要交给哪位设计师去执行？这些内容需要在项目的开始就确定好。比如在《网易移动端交互规范》项目中，比较好的分配方式是找到相应领域最熟悉的设计师进行设计，例如登录注册流程交由网易账户中心的设计师设计，语音录制的最佳实践交由易信的设计师设计。

明确设计范围时，我们可以绘制一份以需求重要程度和设计难度为坐标的四象限图，每次迭代时从内容池筛选一部分模块进行规范制作。

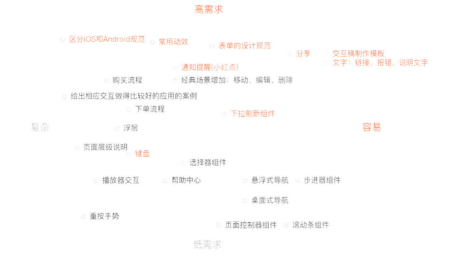

收集需求时可以采取以下几种方式：

- 统计已有产品相关的通用模块，按照从高频出现到低频出现的顺序进行制作。
- 通过问卷或访谈来了解设计师的需求。
- 利用头脑风暴的方法来收集素材作为规范的内容池。

4. 提炼设计语言

为了输出的统一性，规范应该有自己的基本原则，并围绕原则进行制作，下图是《网易移动端交互规范》的基本原则。

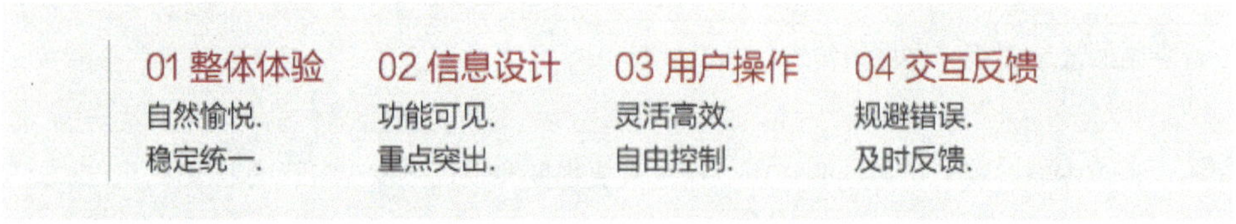

```
01 整体体验      02 信息设计      03 用户操作      04 交互反馈
自然愉悦．       功能可见．       灵活高效．       规避错误．
稳定统一．       重点突出．       自由控制．       及时反馈．
```

5. 提供规范的规范

每位设计师都有自己的设计风格，但我们在做同一件事情，因此需要统一交互文档内的所有内容形式，在文档排版部分，需要统一标题字体、内容字体、段落分部、流程链接；在交互说明部分，需要包含组件场景、交互流程、用户行为、交互样式、界面元素和样式，如下图所示。

6. 团队协作

如果团队内有多个交互设计师制作设计规范,这时产出物质量和统一性就至关重要。质量可以通过加入审核环节达到目的;统一性则依赖协同以确保各个设计师的信息以及资料即时同步。

协同时需要注意，要保留每一次修改的修改记录和设计师的联系方式，修改完毕最好告知其他设计师，如果是多个控件组件大改，则需要通知所有人。

日期	模块	变更内容	变更原因	设计师	备注（选）
2017-09-14	toast	变更内容描述	变更原因描述	蒋XX (hzxxxxxxxx@corp.netease.com)	
2017-09-17	导航栏	变更内容描述	变更原因描述	朱XX (hzxxxxxxxx@corp.netease.com)	
2017-09-17	搜索	变更内容描述	变更原因描述		
2017-09-17	下拉菜单	变更内容描述	变更原因描述		

7.持续迭代

设计任何产品都不可能一次就达到完美状态，在设计交互规范时也需要按照优先级排期。基础的、必要的放在第一期；复合型、复杂的向后放。随着产品的逐渐完善，我们的交互规范也会越来越完整。

规范迭代的时候可以从以下三个方面入手。

- **每个模块自身的优化**。在之前的版本投入使用后可以向用户收集使用反馈，如模块是否有用，是否通用，能够提高多少效率，能不能做到直接使用……针对反馈意见进行模块优化。
- **丰富模块**。将更多内容池中的组件模块规范化。
- **更多应用场景**。经过一系列迭代后交互规范可能进入维护阶段，更新频次降低。这时候就需要将其"产品化"，可能是一本《交互设计规范》白皮书，可能是和视觉样式、前端代码封装组合的"前端设计指南"，"产品化"可以将自己的设计规范扩散到更多领域。

8. 推广使用

规范要真正有人用才能体现出价值，从规范的效益模型中也能看出，对于团队和企业来讲，使用规范的人数与规范带来的效益是成正比的。使用的人越多，越能够削弱制作规范的边际成本。

推广时（主要是企业内推广）可以使用（包含但不仅限于）以下方法。

- 媒体渠道：宣讲会、公司知识论坛、团队公众号、海报展架、手册等。
- 行政渠道：通过各个团队的负责人进行推广。
- 个人渠道：规范使用过程中的口碑宣传，这对刚进入团队和企业的新人最为有效。
- 资源互换：与其他规范，如视觉设计规范、前端规范等绑定推广，以及相关团队内部的互相推广。

设计方法

我们在这里借鉴了原子设计理论，就是将复杂的组合拆解成最小的单元素，再将这些元素重新组合，变成新的组件。

- **元组件**：网页基本元素，如标签、输入，或是一个按钮；也可以是抽象的概念，如字体、色调等。
- **基础组件**：由原子构成的简单 UI 组件。例如，一个表单，搜索框和按钮共同打造了一个搜索表单组件。
- **复合组件**：相对复杂的组件构成物，会和业务相关联。
- **模式**：显示设计的底层内容结构，各类功能模块。

1. 元组件

以按钮为例,在描述按钮状态时候按照默认状态、触发(激活)态、操作反馈、异常状态 – 禁用和报错、其他样式的标准进行分类。

2. 基础组件(通用组件)

由元组件构成的基础组件,可以在产品内的大部分场景下使用。例如,含有多种内容的模态弹窗。下图的弹窗就属于页面层级的最上层,可能包含多个元组件,如单行文本、按钮、滚动条等。

3. 复合组件（场景组件）

随着产品的功能变得越来越复杂，特殊或需要定制的业务需求越来越多，规范会产生"业务专属组件"这一类型，即通用组件在业务场景下的变形，下图是一个下拉控件的进化史：一开始只是普通的下拉选择框（下方左侧图片所示）；下拉项增多后直接就添加了搜索功能（下方中间图片所示）；业务需要同时支持多选，就又添加了多选功能（下方右侧图片所示）。

4.模式

模式一般是基于系统流程,将各种元素进行组合以显示内容,如导航、搜索、错误等。

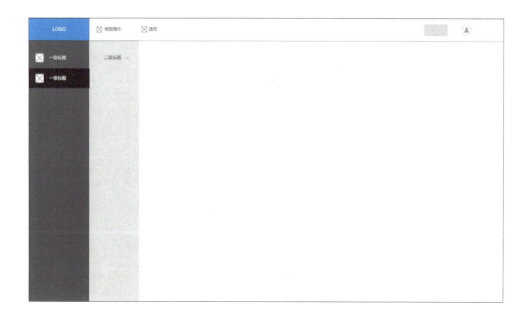

对制作交互规范的思考

上面介绍了交互规范的主要设计流程和设计方法。但做出来规范只是开始,规范还有推广、运营、维护、迭代等环节。大家的初衷都是美好的,但在使用规范时依然会遇到一些问题。笔者根据自己参与产品设计和后期执行的经验,提供几点心得给大家参考。

1.交互规范切入的时机要把控好,如果是产品初期,设计师"初识"产品时,一切都是新的,使用规范的意愿会更高,新手设计师在缺少经验的时候也十分愿意使用现有规范。

2.设计团队的认知要高度统一、群策群力,要保证内部认可,不能单个设计师"自嗨",每一条新增或修改都要没有异议。

3. 交互要与视觉、前端一起封装成组件才能进一步发挥价值，我们要争取资源做到最好。

4. 规范是基础，并不能概括所有场景，随着产品业务的变化，规范需要迭代更新。所以，在设计组件时，需要尽量通用和可拓展，设计师依然需要从业务场景出发，在基础组件上进行调整和设计，不能盲目"迷信"规范。

推广设计规范任重道远，制作规范的周期会比较久，设计师们要不忘初心、坚持到底，制作规范不论是对产品本身还是对设计师各方面技能的提升都是非常有帮助的。

UEDC
Design

第四章

成长指南

18
在工作中,交互设计师应学会的"僭越"

何岩

交互设计师可能来自"五花八门"的专业,他们之前可能是艺术家、UI设计师、动画设计师、景观设计师、产品设计师、前端工程师、产品经理等,但现在都涌进看似"没有门槛"的交互设计岗位。事实上,看似没有技术门槛的行当,往往更加需要大量理论和实践的积累和内心的不断反思,否定之否定地提高自己的专业水平和专业说服力。

这一部分主要探讨交互设计师和上下游同事之间的"共生"关系,希望帮助设计新人找到上下游配合的一些灵感和方法，不要局限在所谓的职能范畴，而要有所"僭越"，发挥更大的价值。

协助产品经理确定产品架构

产品经理才是最懂产品的人吗？在项目初期，大家对产品的概念都很模糊，产品经理也是通过来自各方的需求、数据和竞品分析等来大致搭起框架。这个框架是否合理，框架衍生的功能流程限定在什么范围？这些问题即使是最有经验的产品经理也不敢保证。

交互设计师虽然是产品经理的下游，但也应尽早参与策略层（Strategy）的讨论，如果你的领导了解交互设计的重要性并且邀请你参加项目前期的讨论会，你应该珍惜机会，会前做好竞品分析等准备工作，会上以交互岗位的专业视角提出建议；如果你不够"幸运"，不能参与到产品战略决策，只是承接上游下达的交互任务的话，那也不要沦为画线框图的"工具"，要发挥主观能动性积极沟通，最终让方案变得更好。

需要注意的是,交互设计师的建议不要仅局限在功能流程实现(Structure)和页面结构(Skeleton)等方面，也要积极参与功能范围（Scope）和产品愿景（Strategy）等方面的讨论。

1. 案例

网易账号管家 App 是一款多账号管理工具，涉及安全检测及操作引导、账号保护加固、产品保护等功能，为了"盘活"产品，还要在未来加入一定的运营内容。产品经理在项目前期往往会先画一些草图来帮助说明问题，借助草图可以对产品和功能形成初步的理解，这是一种很好的沟通方式。但如果产品经理的草稿只是将账号功能简单排列，并没有很好地满足产品需求的话（如下方左图所示），这时就要我们通过各种方法来表达自己对于产品的理解和建议，并最终产出满足需求的设计稿（如下方右图所示）。前期的定位非常关键，一旦架构错误，之后的交互工作将很难开展。

产品经理草图　　　　　　　最终交互设计稿

2. 总结

① 越早接触产品的讨论就能越早深入了解产品的核心价值。

② 提出自己的专业建议,让产品朝着好的方向发展,这样我们在进行交互工作的时候是开心幸福的。

③ 画线框图的工作很容易被取代,要想保证自己在团队中的价值和说服力,就要闪耀不能被取代的光芒,这在不同项目中的具体表现不同,但都要保持积极的心态、善于思考,帮助解决实际问题。

沟通和同理心，而非争吵

产品经理不需要一个和他争吵的交互设计师，而是需要一个帮助他解决问题的人。很多文章都介绍产品经理和交互设计师的"相爱相杀"，其实，就像培根（Francis Bacon）说的："人们创造了事实上并不存在的对立，并且他们也给这些对立强加上十分确定的、新的名称。"

不同产品经理的工作方式各不相同，开始合作的时候需要一些时间来磨合，大家应该在磨合中找到解决问题的方法而不是互相抱怨甚至影响工作。其实，如果大家目的一致并且足够信任对方的专业能力的话，争吵便会很少发生。

1.案例

有些产品经理喜欢画流程草图而不是以打磨需求逻辑为主，这种工作方法可能在一些没有设立交互设计师岗位的公司出现，但在设立交互设计师岗位的公司，产品经理可以专心地把需求文档完善好。需求文档是整个产品的权威依据，交互、视觉、开发和测试都要根据它行事。如果产品经理醉心于画稿子，一方面会影响和限制交互设计师的思维，另一方面也会减少完善需求文档的时间和精力，最终导致更应该关心的东西有所欠缺。

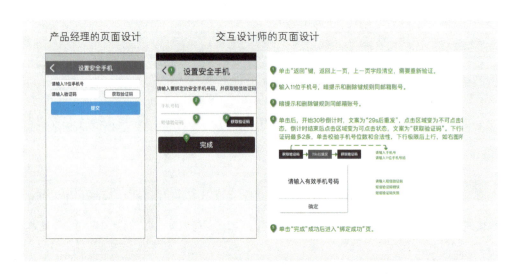

2. 总结

① 看似简单的功能往往会隐藏很多细节，大到功能流程方面，小到文案、极限场景等情况（如上方右图），需求文档中不应该充满看似完整、实则颗粒度很大的图稿（如上方左图）。

② 交互设计师要善于和产品经理沟通，告诉他自己需要什么资源来完成设计工作。这是在帮助产品经理节省时间，避免做无用功，也是让设计师在有限的项目排期中更加高效地工作和产出。

帮助产品经理明确功能细节，方便后续测试工作

一个现实的情况是：需求文档经常随着交互稿细节的深入而不断完善。虽然交互设计师都希望需求文档中有严谨完备的逻辑流程图，但大家可能都遇到过"一句话需求"，类似"我们需要加一个扫码登录功能""这个功能参照某某竞品"等。

当产品经理的头脑中也没有完整概念的时候，交互设计师是要求产品经理回去想好再说，还是根据产品经理提供的现有信息，结合自身经验和分析资料先动起手来呢？

1. 案例

产品经理给出一个功能描述："同一个验证了安全手机的账号只能登录一台手机设备，拥有操作权限。新设备登录且成功验证安全手机后，通知其他登录账号的设备并且强制下线。"其实，这段文字是经过思考的，已经比"一句话需求"好很多了，根据这段规则是可以进行交互设计工作的。但是根据经验，过程中恐怕还有很多细节需要考虑，这就需要交互设计师将需求转化为解决方案的过程中将各个功能细节表述清楚。

第四章 成长指南

将需求转化为解决方案

账号失效-推送消息未失效时掉号

第一台设备触发弹框，条件如下：
1. 未论当前是否切换到此账号，均会触发弹框。
2. 网络等原因导致账号未收到账号失效通知时，点击号执行操作时切换到或是号时触发弹框。

账号已解绑
账号159p******45@163.com 于10月26日12：18在其他设备上 尝试网络登录失败，如非本 人操作，请重新绑定。
取消　　重新绑定

1. 是当前账号状态。单击"取消"，弹框消失，之后当前账号触发任何操作均弹出此弹框。
2. 非当前账号状态。单击"取消"，弹框消失，当前账号仍可继续操作。之后切换到该账号时再次触发弹框，切换时若单击"取消"则弹框消失，切换失败，留在"切换账号"页。
3. 网络等原因未收到账号失效通知时。切换到该账号（非当前账号）或是操作该账号（是当前账号）时触发弹框。
4. 单击"重新绑定"，进入"添加账号-手机账号"流程，手机号码默认已经填写在输入框中。

账号已解绑
账号159p******45@163.com 于10月25日12：18在其他设备上 尝试网络登录失败，如非本 人操作，请重新绑定。
取消　　重新绑定

1. 是当前账号状态。单击"取消"，弹框消失，之后当前账号触发任何操作均弹出此弹框。
2. 非当前账号状态。单击"取消"，弹框消失，当前账号仍可继续操作。之后切换到该账号时再次触发弹框，切换时若单击"取消"则弹框消失，切换失败，留在"切换账号"页。
3. 网络等原因未收到账号失效通知时。切换到该账号（非当前账号）或是操作该账号（是当前账号）时触发弹框。
4. 单击"重新绑定"，进入"添加账号-邮箱账号"流程，邮箱默认已经填写在输入框中。

2.总结

① 要认识到产品经理和交互设计师的"共生"关系，在帮助产品经理梳理功能细节的过程中，交互设计师的价值也渐渐体现出来了。

② 坐等产品经理给到我们"面面俱到"的需求文档往往不是快速解决问题的好办法。

③ 产品经理会高兴地根据交互稿将需求文档逐步完善，这也会方便后续测试同事根据交互稿和需求文档编写测试用例。

和产品定、和视觉定、和开发定、和运营定，否定之否定

实际工作中我们会发现，并不是所有功能的敲定都会召开全员评审大会，有些简单的功能和模块只会和相关人员确定，这时候如何使方案不被部分人的意见左右而是尽量符合产品整体风格和气脉就显得非常关键。

设计师不应该做"老好人"，只满足部分人的需求而产出"这样就好"的方案，也不应该攻击或直接否定他人的建议，我们需要一定的沟通技巧，善用每个职能的优势，一版一版地优化方案，在这个过程中不要忘记积极给出自己的建议。

1.案例

网易账号管家 App 的"发现"模块是重运营的部分，考虑到其"帮助中心"的内容稍显"枯燥"而且运营方式有限，设计师经过调研分析向运营同事建议在顶部加入图片轮播，这样可以方便后续运营同事"挥洒创意"。同样，为了搜集用户反馈，建议在底部加入"问题反馈"入口，在详情页底部加入"答案是否解决了问题"的功能。运营同事经过思考也觉得这些功能很有必要，便欣然采纳了建议。

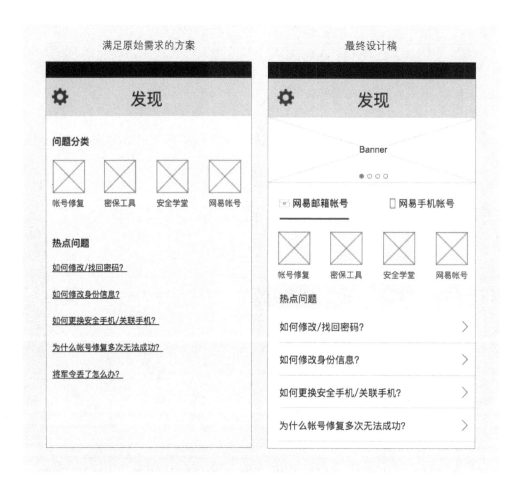

2. 总结

① 交互设计师日常工作中要和许多职能同事配合，是连接这些职能的"枢纽"。

② 遇到问题的时候，与其请产品经理去沟通，最后给出口头或书面结果，不如自己先去找相关问题的负责人沟通，获得第一手信息。

③ 文字或其他信息在传播过程中会"失真"，而当面沟通可以通过语言之外的很多方法说明问题和理解需求。

要学会"没事找事"

"没事"是指由于各种原因导致交互工作不能马上进行的时候,或者项目过程中特别是中后期交互工作没那么紧张的时候。"找事"是指在"没事"的时候寻找一些项目的风险点或者其他可以帮助项目顺利进行的工作。风险点可能是前期由于排期等原因考虑的不够细致的地方,也可能是已经开发完成、但还没有经过验收的模块和页面,还可能是一些极限情况的处理方式等。

"没事找事"是一种主动寻找潜在问题和解决方法的工作态度,这种积极的工作态度是交互设计师体现职能价值和提升专业素养的关键。

1. 案例

网易账号管家 App 的第一个版本分 2 次迭代开发,在第 2 次迭代平稳进行的时候,大部分交互设计工作已经完成了,这时候对已经完成的第 1 次迭代的部分进行交互视觉回归并产出相应文档,就可以帮助测试同事和开发同事后续调整。文档的呈现形式应根据实际需求而定,关键是要方便团队中相关人员的理解和使用,下图是测试同事的积极反馈。

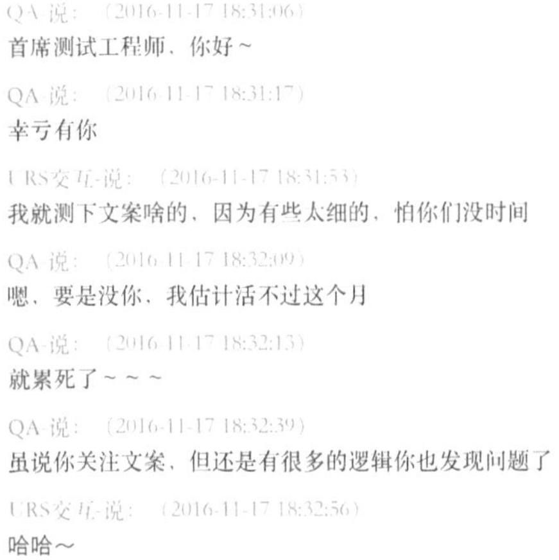

> QA 说: (2016-11-17 18:31:06)
> 首席测试工程师,你好~
>
> QA 说: (2016-11-17 18:31:17)
> 幸亏有你
>
> URS交互 说: (2016-11-17 18:31:53)
> 我就测下文案啥的,因为有些太细的,怕你们没时间
>
> QA 说: (2016-11-17 18:32:09)
> 嗯,要是没你,我估计活不过这个月
>
> QA 说: (2016-11-17 18:32:13)
> 就累死了~~~
>
> QA 说: (2016-11-17 18:32:39)
> 虽说你关注文案,但还是有很多的逻辑你也发现问题了
>
> URS交互 说: (2016-11-17 18:32:56)
> 哈哈~

2. 总结

① 开发同事首批完成的页面主要以逻辑为主，这和最后呈现给用户的页面会有很大的出入，即使经过自测、联调和提测的页面，在交互和视觉设计师看来也往往"不堪入目"。

② 交互、视觉设计师要在项目后期尽早进行回归走查，因为后期测试工作和突发问题处理等会占用较多时间，如果太晚介入，就会有一些看似"不那么重要"的体验问题无法顾及。

处理好他人提出的超出自己能力范围的需求

在一个团队中"被需要"的感觉是很重要的，这可以帮助自己保持积极的工作状态，但有时候由于其他职能同事并不清楚我们的工作边界，会提出一些"出格"的要求。这时应该如何处理呢？是直接回绝说"这不是我的职能范畴"，请他找别人问问吗？ 笔者下面的案例可以给你启发。

1. 案例

有一次，Android 客户端工程师要笔者给他整理一份内嵌的 H5 页面的接口文档，原因是笔者在交互稿上有说明这些文档的用处，所以这位同事认为笔者可以搞定这些自己根本看不懂的开发文档。但由于恰好知道当初是谁在维护这套 H5 流程，笔者就找当事人沟通了这件事情，并很快解决了这个问题。

2. 总结

① 相比"各扫门前雪"的处事方式，维持活络的同事关系可以帮助工作更加顺利地进行。

② "出格"需求往往和我们的工作相关，如果可以想办法解决的话，不仅可以帮助同事，也可以加深自己对这部分工作的认识。

③ 当然，如果自己很难解决或者时间紧张则另当别论。

有意识地引导沟通方式敏捷化

随着项目体量的加大和参与人员的增多，"面对面"的沟通方式会变得困难，相信很多人都经历过即使一个很小的 bug（程序缺陷）也要提工单、走流程或者等产品经理提供需求文档后才开工的"瀑布式"工作方式。

敏捷方法是方法论层面对工作方式和工作态度的探讨，强调工作中人的作用而不是以各种文档为准，强调同事之间的高度协作以及随时准备应对变化的态度，这些是各种项目都必须思考的问题。

1. 案例

网易账号管家 App 项目组每天早上有固定时间的站会，大家面对面地发现问题、解决问题、评估风险、把控进度。开发过程中各职能同事坐在一起，关键问题的讨论只需要召集相关人员"围个圈儿""扭个头""转个身"就敲定了，之后发邮件周知大家。

2. 总结

① 看似"随意"的解决问题的方式其实是对扁平化工作流程的探索实践,强调"适应性"而非"预见性"。

② 领导最好也坐在旁边"需之即来"，这样可以节省很多"等找某某商量一下再说""等领导看看再说""等审核批准了再做"的时间。

最后，不要让自己"太累"

设计师往往带点"洁癖"，为细节和综合体验"操碎了心"。然而，产品研发过程是否顺畅、运转模式是否健康，甚至产品上线后成功或者失败，这些都是产品相关人员合力的结果，包括设计管理、开发管理等多方面因素共同决定了产品长成什么样子。

所以，笔者的经验心得是：设计师有时要被迫"放下"一些东西，不要让自己"太累"。这并不是教大家偷懒，而是要清楚自己的职能定位。交互设计师沟通和处理问题的方式是灵活的，这在上文有阐述，同时交互工作更应该是合作的，我们有自己的职业坚持，但也不要用"体验"绑架一切。

无论是 B 端产品还是 C 端产品，好产品的成功是多方面因素的结果；无论身处大公司还是创业公司，限制我们职业发展的永远不是职能定位而是综合能力。在工作中，设计师要有"百炼钢"的坚持，也要懂"绕指柔"的智慧。

19 / UI 设计师如何自我提升设计力

刘猛

发现问题

如何自我提升设计力？既然是要提高，那相对于之前的设计力而言，你需要具备发现作品存在哪些问题的能力。

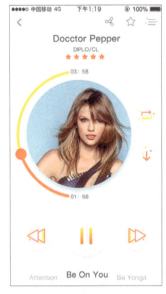  

大家可以看一下上面左侧的这个作品，希望你们可以试着回答下面两个问题：

- 你觉得这个作品怎么样？
- 你觉得好或不好的原因是什么？

这里笔者不会直接给出答案，笔者想给你提供一个解决思路：去比较一些大厂出品的、成熟的同类型产品。

这是一个音乐播放界面的作品，所以，可以找网易云音乐和 Spotify 的界面来做一个对比，这样你能明显感受到前者和后两者的差异，如果你还是区别不出"好和坏"，继续问为什么。

1. 为什么网易云音乐和 Spotify 都做了类似"毛玻璃"的背景处理效果？
2. 为什么网易云音乐和 Spotify 的播放等按钮都是用统一的色调。

第一个问题对应的答案可能是：需求层面上是由产品的气质决定的，设计目的上是为了营造音乐的氛围感和沉浸感，而不是像前面那样的"五光十色"。

第二个问题对应的需求和设计的目的可能是：相似功能需要平衡性，通过弱化视觉元素来突出重要内容。

发现问题的能力很重要，发现问题不是简单地说好或不好，笔者希望这两个问题的解决思路能给你启发。遇到问题时，先多问自己为什么并分析，还可以多和一些好的产品去做对比；实在不行，那你可以去 Google；最后还是无解再去请教前辈。毕竟能自己解决的事情就不要去麻烦别人，而且从别人那直接得到答案远不及通过自己分析得到答案收获大。

总结：和优秀的作品去对比，多问为什么，从设计技法反推出产品需求和设计目的。

提升的三个阶段

如何才能做出优秀的设计？

答案很简单：没有捷径，多加练习。练习当然也要分阶段和方法，并且练习前的审美也很重要。下面先谈练习的几个阶段，然后再谈审美。

1. 纯临摹

你所看到的"大神"都经历过临摹阶段。临摹并不可耻，把临摹作品据为己有才可耻。

音乐的奉献原作　　　　　　　　　　Dribbble 某用户临摹的作品

这个阶段主要适合刚入行时学习软件技法，你的那些奇思妙想最好先藏好，不要在这个阶段去实践它，你技法不过关的时候，改造出来的只会是怪物。找到一个优秀的作品，通过一步一步地临摹，100% 地还原它，你除了能学到原作者实现效果的技法，更重要的是能学会一个成熟设计的审美和经验（比如上图里的配色方法和元素布局的比例）。

2. 半创造

这个阶段指的是：你有了一定的软件技法，然后在别人优秀的设计上加入一些自己的想法去尝试微创新。

Javi Pérez 原作　　　　　　　　　　音乐的奉献 Rebound 的作品

这两个作品都非常漂亮，如果没人告诉你，你基本不会知道到底是先有哪一个。两个作品的相同点是材料的质感和前后关系的阴影处理，不同点是新的配色和元素布局。左边是 Javi Pérez 的作品，右边是音乐的奉献 Rebound 的作品。当然音乐的奉献已经是非常优秀的设计师了，还举这样的案例是想让你知道好的创造应该是什么样的。

3.纯原创

在你的技法能够实现你的想法阶段，你除了需要有一个好想法，可能还需要拥有一些综合技能。

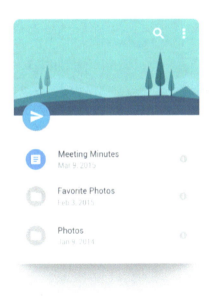

截至本书完稿时，这个动效作品在 Dribbble 的总排行榜上排名第四（扫码可以查看），6600次点赞量，并且已经是 Zee Young 2015 的作品了。一个好的想法配合上 UI、插画和动效这些综合技能在这个超受欢迎的作品中发挥了巨大作用。这个就属于原创作品阶段，我们每一位设计师都希望到达这个阶段，并能设计出属于自己的代表作。但要明白：没有前两个阶段，是永远没有这一步的。

做出一个优秀作品需要的条件：
- 好的想法；
- 过硬的软件技能；
- 执行力。

执行力

选择你感兴趣的领域，通过以上三个练习的阶段，相信你的软件技能一定是可以过关的，但好的想法和执行力从哪里来？

先聊一聊执行力，好的想法和审美联系密切，篇幅也比较多，因此放在后面。在工作之余的执行力是自我驱动力，当别人愉快地"吃鸡"的时候，到底是什么样的动力让你偏偏去做设计练习？笔者以前在微博写过的一句话应该可以回答：想要的东西不一样，所以付出的努力也不一样，即选择决定方式。

1.自我驱动力

自我驱动力大致分为三种：热爱型驱动、利益型驱动和目标追逐型驱动。

热爱驱动型

这种动力来自内在，你可能从心底就喜欢设计，每完成一个作品都会有一种幸福感或者成就感。人在做一些自己喜欢的事情时，会进入一种"心流"状态。比如当你彻夜学习某种新的技能时进入了一种忘我的境界，天突然就亮了，而你却不觉得疲劳反而是兴奋（这里不是建议大家熬夜，只是举例，但很多优秀的设计师确实都是这样过来的）。如果你拥有这种动力，你自然会进步。

利益驱动型
你知道专业技能的提升能够带来明显的回报，追求职场加薪或是更好的物质生活等都可以成为你的动力。现在有不少平面设计师（甚至完全不相干的行业）转行去做UI，少部分是由于喜欢，大部分还是觉得UI的薪酬高。不管是哪种原因，想做那就去做。不管在哪个行业，只要你做得好，就会有相应的回报。但也要有没做好的准备，你可能得不到你想要的（其实平面做得好的、薪酬高的也很多）。

目标追逐型
设计对你来说可能就是一份工作，谈不上有多热爱。你又想获得一份不错的薪酬，但薪酬又变不成你执行的动力。这个时候可以借助偶像的力量，你的偶像可以是设计行业的，也可以是任何其他行业的，只要你能在他身上发现闪光点，看着他做得越来越好，这种"近朱者赤"的陪伴也会让你在自己的行业付出精力去做得更好。

2. 如何加强驱动力
有一个词叫"刻意练习"。具体内容就是把上面三个阶段列一个时间计划并强制执行。我们常常可以从一些网站上看到"UI 一百天""海报 365""每日一练"等，最知名的要数使用 Cinema 4D 每天制作一张图的 Everyday 艺术家 Beeple。有计划地坚持去做一件事，一个月后就会有量变，一年后将会产生质变。

好的想法来自哪里

好的想法往往来自你的记忆重组，你把符合项目定位的那些以前的见闻重新剪辑出来，组合并创造，一个好的想法差不多就诞生了。通常情况下，你可以从以下几个方面获取一些好的想法。

1. 多体验

多体验一些有趣的产品，可以经常逛一下 App Store、留意一些公众号的推荐，去体验那些被推荐的、新鲜的、优秀的产品，保持对产品市场的敏感度。也可以多关注你负责的产品的竞品，分析和学习别人在交互和视觉上好的地方。还有就是多去体验生活，好的设计大多来自生活。

2. 多记录

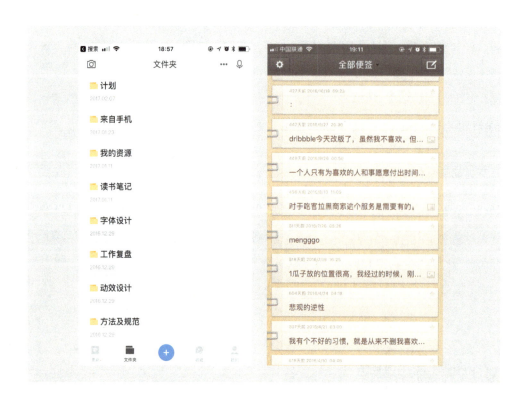

对那些你看过的好设计、好文章、好产品,你喜欢的原因、使用心得都可以记录下来。针对不同的对象,记录的方式可以是直接收藏,可以是临摹加创造,也可以是写文字。很多好的想法只存在于瞬间,过了就再也想不起来了。笔者个人喜欢使用"锤子便签"来记录一些感想,使用"有道云笔记"来分类整理工作需要用到的东西。

3. 多看

什么都可以看,只要是好的东西都可以看,总之就是不要局限在某一领域。虽然你做 UI,你也要去看平面的东西、摄影的东西、3D、建筑、美女等,看这么多是为了训练你的审美,帮助你开阔视野和格局。

4. 看的转化

当我们看摄影时,可以学习它的构图和色彩搭配,转化为一些漂亮的小插画。除了转化原有的色彩搭配,你也可以尝试一下其他的色彩,锻炼你的色彩搭配能力。

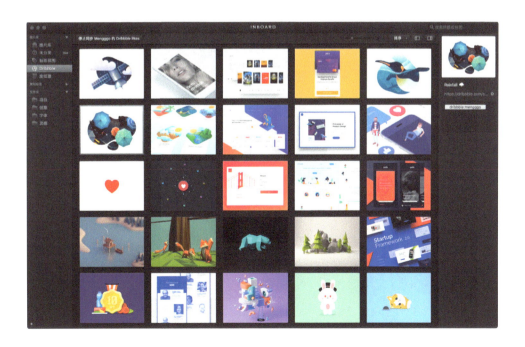

下图是 Mengggo 根据老飘飘的风景摄影作品练习的插画。

比如你看平面的时候，除了学习版式和一些元素应用，我们还可以结合 3D 试试。

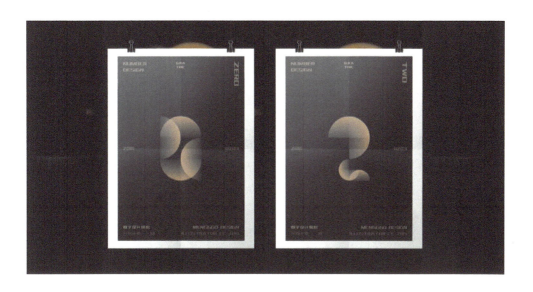

上面是笔者 2015 年做的数字海报,然后用 C4D 包装一下可以变成下面这样。

也可以把平面作品与 3D 结合做成动态的作品,像天猫这样 (扫码可观看动图)。

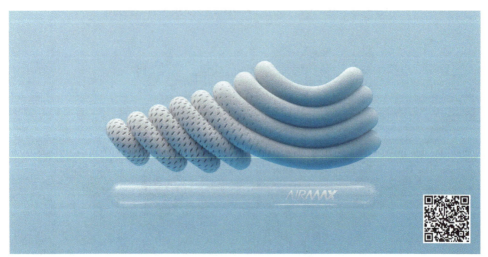

上图是 ManvsMachine 出品的 Air Max 2017 的广告，相信大家看到这样的设计心情都会愉悦起来。国内优秀的 Motion Designer 也有不少，像 Somei Sun、Zaoeyo、Ligo Zhang 等，大家都可以去关注一下。

打开你的脑洞，多组合、多尝试，设计的共通性和跨界性能给你带来更多的创造性。

审美的过程

看的过程就是训练我们审美的过程，尽可能找到一些优秀的学习榜样。如果你的参照对象只有 60 分，那你做出来的东西肯定是 60 分都不到的，甚至可能只有 30 分。但如果你学习的对象有 95 分，那你以他为参照进行学习，你很可能也会有 80 分。

1. 正确的学习方式

Behance　　　　　　　　　　Dribbble　　　　　　　　　　站酷

可以多看一些 Behance、Dribbble、站酷的首页推荐。注意：正确的观看方式不是打开一个作品，走马观花地"刷"到底，只记住了"版式炫酷"，然后惊叹"哇，首推作品呢，很牛"，回复一个"厉害"，评论一个"膜拜大神"。这种评论是最没有营养的，不管你是吹捧也好，还是真心赞美也好。你真正需要做的是去看他的设计思路，如有需要，可以一个字一个字地解读，听他讲解设计背景、设计思路和流程，还可以看他的包装结构。如有不同观点，你也可以提出自己的疑问，只要是用心的、经过思考的评论，笔者相信作者都会用心给你回复的。

2. 关注牛人的动态

当你看到好的作品时可以顺藤摸瓜，关注一下设计师，你可以发现更多你喜欢的东西。

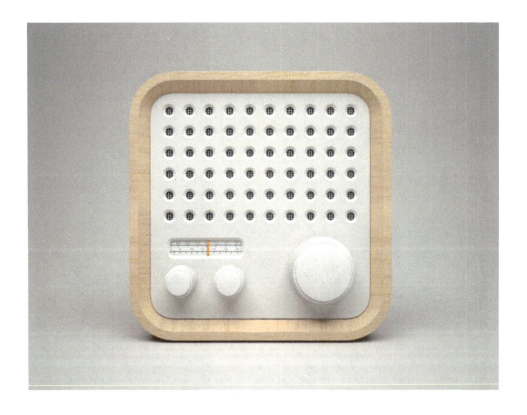

比如在 Dribbble 上看到了上图这样一个 3D 图标作品，笔者了解到这个作品属于张晓翔（Celegorm），通过于张晓翔关注的人笔者发现了罗子雄，通过罗子雄笔者又发现了 CG 领域的徐天华，平面领域的 Nodyoung，他们在自己的行业都是处于一流的位置，那对于我，挖掘他们的过程感觉就像不断发现宝藏一样。

除了关注他们的作品动态，你也可以关注一下他们在公开平台的生活动态，比如 Instagram 和微博。看他们生活中的状态和对待世界的态度。他们当中有人会分享外出的旅行，有人会分享新装修的家,有人会分享新换的跑车……他们所经历的很可能是你即将体验的。往积极方向想,看到同行拥有了法拉利,你是否会想拥有一辆特斯拉?你遇见的更多的美好会变成你进步的动力。

3. 建立一个灵感库

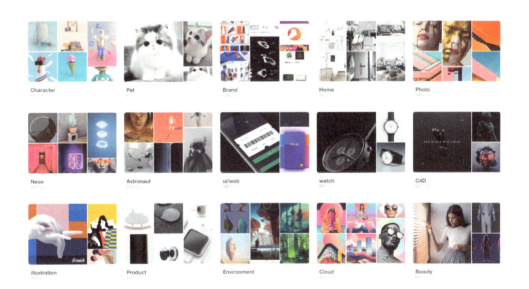

把你看过的那些美好的东西收藏起来,分类越详细越好。线上的内容你可以使用 Pinterest 和花瓣,线下的内容你可以使用 Inboard 或者 Eagle。如果你自己的审美不够,那还可以关注一些大咖,看他们的收集,再筛选出你喜欢的,比如花瓣上的 skys、Miedum 上的 Muzli。

4. 综合技能

新人面对综合技能的时候往往会迷茫,不确定要学什么、该不该学,笔者想告诉你的是:不论是在产品中把用户体验做到极致还是在面试官面前展示,综合技能都会给你带来巨大的优势,但需要明确的是平面和 UI 是根基。

85
UI

面试者A

60
UI+动效+3D

面试者B

如果有两位面试者同时去面试 UI 设计师的岗位，一位只会做 UI，但能做到 85 分，另一位 UI、3D、动效什么都会，但每项只能做到 60 分，那毫无疑问，第一位更有机会得到这份工作。所以先把一个领域研究透了，再去学习一些其他技能也不迟。当然，你若是能同时把几项技能都做得很棒，那自然是最好不过了。

5. 多阅读

只顾手头功夫也不行，还要多阅读，你要明白设计背后的目的。

《破茧成蝶》是笔者在大学时看的书，当时非常受启发，现在偶尔还会翻一下。在大的方面，它会给你讲项目流程，不同角色的任务；在小的方面，它会讲为什么界面是这样布局？不是这样又带来什么影响。总之，围绕用户体验的一切都是有原因的。比较有阅读欲望的读者也可以去看《设计心理学》和《About Face》系列，好的书太多了，这里就不一一举例了，反正买就对了，毕竟买书是一件极具性价比的事情（投资自己）。

进阶产品思维

以上单项技能你都熟悉了的话，下面该提升产品思维了。记得在大学的时候，笔者学习过一门叫"目标导向设计"的课程。这门课的内容是这样的：开始让我们亲自出去采访调研，然后再画原型图，做视觉稿，最后还要用视频讲解的方式呈现出来。这就让你参与了整个产品流程，而不是只关注和陷入属于自己的"那一亩三分地"，用"上帝视角"看问题会让你避免局限性。

这里有几个方法可以加强你的产品思维。

1. 参加比赛

《2016 土曼表盘设计大赛》Mengggo 的参赛作品——天气部分

比赛首先能让你参与真实的项目，其次能让你看到一些前辈和你做同一个产品的时候，他们是如何思考的，它们使用的设计策略是什么，比赛还能让你和别人相互交流、获得反馈。

2.Redesign 产品

你可以改版自己喜欢的产品，也可以改版那些体验反人类的产品。在设计的过程一定要注重设计流程的完整性，从产品定位到用户画像，再到交互原型和视觉界面，每个流程都不要少，最后还可以用动效包装一下再发表，并和别人交流（代替工作中的验证反馈）。在设计作品中要尽可能保持真实的配图和文案，有的人确实用了真实的图片但使用的图片比较 Low 而且风格不统一，这里笔者建议各位要统一处理图片色调和图片中元素的位置、比例，还要考虑产品的气质，不是选择好看的图片就可以。

3. 做未来的设计

VR/AR 已经火了一段时间了，现在虽然有点退烧，但仍不妨碍它将成为人类的下一个交互平台，那个时候 VR 领域的交互设计师和 3D 设计师将会是稀缺人才。作为设计师可以抓住这个机遇窗口，学习新的技能，这可能会让你找到当初学设计时的兴奋感，你提前掌握这些技能或许可以获得下一波涨薪红利，下图为站酷大植子 Daz_Qu 的 VR 概念设计作品，他同时也在站酷分享了自己设计的详细过程，感兴趣的可以学习一下。

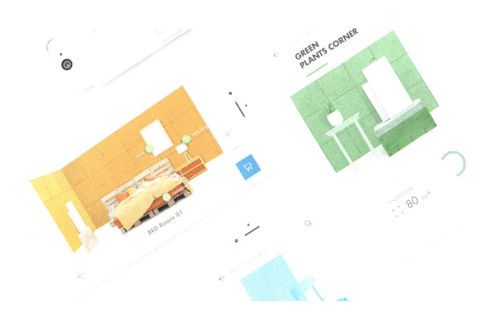

4. 回到工作

以上说的都属于课外活动，最终我们还是要回到工作中，把你学到的技能带到负责的产品中：重新梳理产品定位，分析线上的问题和收集用户反馈；研究流行趋势，确定设计风格，重新做一个产品改版的概念稿；和设计团队评审、改进不足的地方，主动推进产品的改版，这就是设计师的主动性。

5.分享和复盘

沉淀自己设计经验的最好方法是分享和复盘。定期的复盘可以让你避免犯在过去的产品中已经犯过的错误,总结出问题与经验,发现新的解决思路,从而提升个人能力。分享可以锻炼你的产品构架能力,比如写文章和做PPT都是要先有逻辑清晰的大纲,然后才是输出具体的观点。

最后想对大家说的是:做好当下,保持好奇心。

附上笔者的lofter地址mengggo.lofter.com,大家可以去找我交流设计。

20 / 设计师的自我管理

马宝

每位设计师的发展轨迹不同,对于设计、效率、价值、成就感的理解也不尽相同,就个人而言,这些关键词的核心在于成长,所谓"成长"(设计师的自我管理)即归纳总结出适合自己的最优的设计方式,在工作中寻找设计圈的"完美交集"。

设计圈的完美交集:

- 快速高质的设计,成本高,"贵";
- 快速低价的设计,没质量,"丑";
- 低价高质的设计,周期长,"慢";
- "又快、又好、又便宜"的设计基本为空?

看似矛盾的"完美交集"真的为空么?人工智能"鲁班"让设计 Banner 变得速度足够快、成本非常低、质量相对高,可见:高质量的设计=(明确的目标+成熟的方法+丰富的资源)。

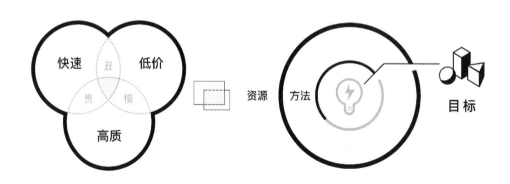

1. 目标

明确目标
- WOOP
- PDCA

目标筛选与执行

明确目标就是在合理的范围内做切实可行的事情，在有限的条件内完成更有价值的事情。

比如很多人都梦想"环球旅行"，但只有极少数人成功实现。没有实现目标的原因不是因为他们的愿望过于宏伟，而是因为没有将愿望转化成明确可执行的目标。绝大多数人只停留在"思想"的层面，没有计划更没有执行。假设，我们将愿望拆解成一个可执行的、有价值的小目标，再回头看看愿望，把环球旅行转化成"5年内完成10个国家的旅行"，平均一年两次的境外游是不是更容易实现呢？

《WOOP思维心理学》一书指出：使用"心理比对""执行意图"两个方法可以进行目标的筛选，在思维过程中，自行过滤掉一些没价值的目标、不切实际的愿望，留下那些成功概率更大的愿望，这样可以极大地激发我们潜在的行动力。

心理比对：在心怀梦想的同时，考虑阻碍梦想达成的现实。

执行意图：围绕实现愿望这一目的打造明确的意图，也就是合理计划。

1.目标的筛选

方法：利用WOOP（Wish，Outcome，Obstacle，Plan）思维筛选目标。

- Wish（确定愿望）：将心里的愿望聚焦成合理范围内的关键点。
- Outcome（想象结果）：通过关键点找到现实中的"对标物"，可能是某个榜样、某个案例或某个设计方案。
- Obstacle（寻找障碍）：通过对标物找到妨碍我们达成愿望的障碍，以及面对障碍的两个选择 (A/B)：

  A. 寻求具体解决方法克服障碍。

  B. 选择性放弃，遇到那些不可抗力的障碍，可以考虑返回第一步，调整范围，在改变中自然绕过了那些不可抗力。
- Plan（具体计划）：制定具体有效的计划，立即行动。

实际应用：在设计新项目时，为了事半功倍，我们可以思考 5 个问题。

- 对项目的整体印象是什么？
- 最终设计成果是什么？
- 取得成果的必备条件和障碍是什么？
- 按照什么顺序进行设计？
- 从哪个切入点设计最有效？

2. 目标的执行

方法：利用 PDCA（Plan，Do，Check，Adjust）管理循环推进设计管理。

- Plan（计划）：何人、何地、何时完成什么事？怎么做？（具体参照 5W1H 法则）。
- Do（执行）：根据制定的计划，进行具体设计，实现计划内容。
- Check（检查）：检查计划与结果的差别并找出问题。
- Adjust（修正）：对检查结果进行修正；对没有解决的问题，提交给下一个循环去解决。

实际应用：上级让你完成 PPT 汇报。

- 思考做这个 PPT 的目的、汇报时长、需要多少页内容、重点内容和整体风格。
- 根据计划进行 PPT 内容设计。

- 对比 PPT 是否达到预期，是否存在的阶段性问题。
- 将已知问题进行修正，遇到解决不了的问题，进入下一个 PDCA 再解决。

现实中我们会遇到更为复杂的情况，比如市场部的同事让视觉同事支持项目的推广设计，设计页数非常多，时间非常赶，设计师只能完成部分工作，面对不能按时完工的风险，作为设计师该如何应对？

案例：
- 一个视觉是这样做的，快到项目截止时间时他对市场说："这个宣传方案的页面实在太多啦，我拼尽全力，只完成了一半，这些页面设计得如何如何美……"
- 另一个视觉先进行了分析然后说："这个方案真的很棒，我调研了不同的广告形式，发现"乐评＋地铁广告"更适合我们的方案，我进行整体框架设计和主视觉设计，在中间部分发现多个重复案例……我们可以合并设计输出，这样既保证了项目进度，也提高了设计质量。"

分析：
- A 视觉采用的是传统设计思维：用线性的方式进行设计，只顾眼前，没有项目概念，不能顾及大局，极不可取的是在项目快截止时才校验和反馈结果，可用性为零。
- B 视觉采用的是产品设计思维：头尾各完成 10%，中间 30%，完成基本框架后再逐步完善方案。及时沟通反馈考虑项目综合因素，可用性更高。

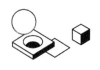

打磨方法
- 硬技能支撑
- 软技能加成

软硬结合的调用方法

一名优秀的设计师应该具备一门极致的专业技能和多项辅助能力；专业技能指的是 UI/UX、平面 / 网页、色彩构成、人机交互、工具应用等；而辅助能力是沟通能力、分析力、组织力、执行力、领导力等软技能。

1. 用"工具链"强化硬技能

"工具链"是多个工具根据设计流程的方式进行关联组合，关联组合是为了"量化设计"。不管是 3D 模型，还是 2D 平面，又或者是视频动效等都是将设计解构成一些可控参数，当这些量化的可控参数在设计师的配置下达到最优时，"设计方案"便完成了。

例如，复杂的色彩理论反映到工具链中就是"颜色选择器"，量化的结果是"RGB/HSL/HEX/CMYK"；样式表现反映为"填充 / 描边 / 渐变"；文字排版反映为"文本／段落控制器"，常见的参数是"字体 / 字号 / 间距"；形状反映为"路径节点 / 曲率"，各种量化参数不一而足。

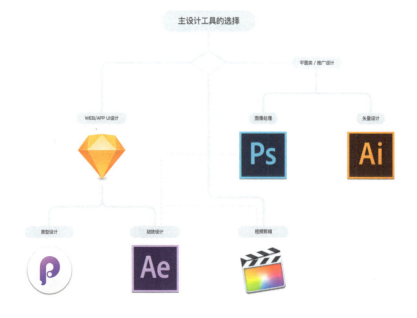

工具表可以帮设计师解读工具背后的"设计语言",只有知道应用的局限性才能更好地选择符合团队、贴合项目设计的工具链。

- Sketch 的设计语言是"生态与加速",特性是轻量级的应用,丰富的第三方扩展,成熟的社区和资源库。
- Adobe XD 的设计语言是"联动与原型",XD 的原型功能很好地契合了 PSD,在 PS 上做了进一步延伸。
- Figma 的设计语言是"协同和发展",代表着未来趋势的设计应用,协同一定会帮助设计者解放生产力。

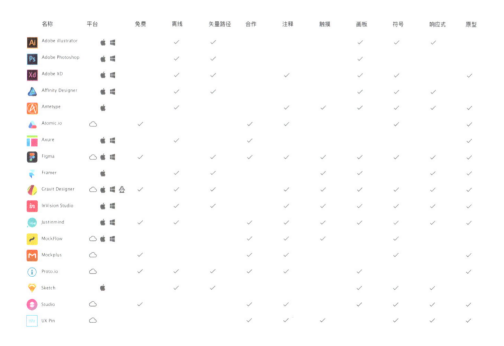

名称	平台	免费	离线	矢量路径	合作	注释	触摸	画板	符号	响应式	原型
Adobe Illustrator			✓	✓				✓	✓	✓	
Adobe Photoshop			✓	✓				✓			
Adobe XD			✓	✓		✓		✓	✓		✓
Affinity Designer			✓	✓				✓	✓		
Antetype				✓		✓	✓	✓	✓		
Atomic.io		✓			✓	✓					✓
Axure			✓		✓						✓
Figma		✓		✓	✓	✓	✓	✓	✓	✓	✓
Framer			✓	✓			✓				✓
Gravit Designer		✓	✓	✓				✓	✓		
InVision Studio			✓	✓		✓	✓	✓	✓	✓	✓
Justinmind		✓	✓	✓		✓	✓	✓	✓	✓	✓
MockFlow					✓	✓	✓		✓		
Mockplus		✓			✓	✓			✓		
Proto.io			✓	✓	✓	✓		✓			
Sketch			✓	✓				✓	✓		
Studio		✓			✓	✓		✓	✓		
UX Pin					✓	✓	✓		✓	✓	

2. 从实践中丰富软技能

软技能从有效沟通开始,有效沟通促进有效设计。

很多设计师会遇到方案被打回、方案被要求反复修改的状况,除设计质量问题外,产生这种情况很大程度上是因为缺乏沟通。设计师不了解业务,需求方不理解设计时,双方就会产生矛盾。当误会发生时,如何化解就考验设计师的软技能了。

实际应用:怎样有效"沟通"。

- 第一要学会倾听——保证自己听懂对方也要让对方知道你听懂了,有效方法就是复述一遍对方的话以显示自己已经听懂。
- 第二是少用对方不懂的专业术语,明确表达、传递观点。
- 第三是让对方听懂自己,可以用提问的方式核实对方是否真的听懂了。

在正式场合回答问题时,可以用"垫子"为问答做缓冲,实用技巧是在双方说话时加上隔层,目的是创造舒服的说话环境和氛围,"垫子"能有效缓解你问我答的紧张状态,为思考争取时间。比如,垫子可以是,"这个问题问得太好了""你这个问题确实不简单,很有难度""我想听听您的意见"等。

软技能需要在实践中培养"自上而下的表达"和"自下而上的思考"。

整个软技能模型可以分成 5 个部分:从沟通到分析联想;把联想的结果组织执行并设计出来;分享设计来影响他人;形成领导力;提升决策力。

3. 软硬结合提升设计价值

硬技能的技术支撑加上软技能辅助效益,可以帮助设计师提升商业价值,建立个人品牌和影响力,利用多种方式转化设计价值以帮助产品和团队。

对外实际应用:对接外部客户时需要大量设计调研,梳理出显性/隐性需求;明确客户痛点,进行专业设计。适当地加入设计说明能帮助客户理解设计提案,提高提案的成功率。

对内实际应用：在团队中扮演当前角色，又时刻准备着切换角色；释放自己的能力，帮助团队提升影响力，强大的团队影响力才能更好地实现自身的价值。

分析力：了解项目整体状况；

联想力：举例说明当前问题；

执行力：自行解决实质问题；

影响力：争取各方资源，协同解决问题；

决策力：学会做正确的选择；

分享：将项目经验、专业技术教授他人，帮助团队成长。

管理资源，降低成本

什么是资源？时间、精力、物质、知识、人……资源这个概念非常宽泛，大到精神财富，小到素材图库；其中时间、精力、知识往往被大家所忽视。

把握隐性资源可以改善"碎片化信息泛滥、可用时间有限、精力失调、知识焦虑"等问题。

1. 时间管理

只有真正意识到自己是如何支配时间的，才能管理时间。对于如何管理时间，笔者有几条建议。

- 区分生产性时间和非生产性时间；
- 坚持任务清单；
- 有计划地做重要的事；
- 立即做重要且紧急的事；
- 尽量不做不重要不紧急的事；
- 将期限提前些，略微紧迫的项目时间可以刺激提前完成任务；
- 告别拖延。

2. 精力管理

对设计师而言，精力比时间重要。我们会对机械化、重复性的事物丧失兴趣，因为没有挑战，所以找不到设计的意义，自我感觉工作精力匮乏。

当没有精力时，可以对体力、情绪、思想、意志四个层面的问题进行思考，有针对性地解决。

精力好比电池，充沛的精力可以更好地助力设计。笔者建议大家合理使用精力，给身体补充能量，"创造意义"和"积极互动"是给精神充电，而健康的生活方式是给身体充电。工作中的正向情绪可以帮助设计师有效释放压力，保持一个良性循环的状态。

3. 知识管理

知识管理的有三个骤：整理、提取、应用。

对于知识，笔者个人习惯"重组"和"排序"，用分类法将知识划分成标签，摆放成一条逻辑线，当遇到问题时依靠逻辑线提取相关知识。

写作是典型的知识管理的例子,为了表达主题和支撑论点,我们需要整理所学知识区块,在各种区块中提取出支撑论点的论据,再把知识转化成文章,最后输出。

如何学以致用:
- 我们读的书并不一定都是知识,只有能改善我们行动的信息才是知识。
- 对于学习而言,首先要掌握的是底层的思维和方法,其次才是具体的知识和技能。

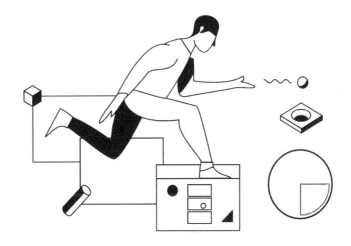

总结

高质量的设计 =(明确的目标 + 成熟的方法 + 丰富的资源)。

我是一名设计师,我追求"又快、又好、又便宜"的设计来创造价值。实现目标有两个方法:硬技能技术支撑和软技能辅助加成。合理的资源管理让我告别没时间、没精力、没创意的三无状态,让我在设计路上不断降低设计成本、提高工作效率,这就是笔者的自我管理之道。

21

设计师如何提高产品思维

 葛 锐

作为一名互联网公司的设计师，笔者经常会被产品经理或者资深设计师抱怨："你们怎么没有产品思维！"一些设计师本人也发现，工作了几年以后，自己的作用很有限，设计能力的提升也遇到了瓶颈。带来的比较直接的结果就是：晋升慢，提薪少，话语权小，越来越被忽视。

这些设计师非常希望提高自己的产品思维，可是要怎样做呢？

笔者本人从事的是交互设计师工作，但在不同的项目时期也曾担任过一段时间的产品经理，目前在项目组也算是带"产品"性质的设计师。在笔者看来，产品思维至少需要具有 5 个维度：以用户为中心；逻辑思维；数据思维；市场营销思维；项目思维。下面来一一分析这 5 个维度。

以用户为中心

第一点对于设计师很好理解，这也是我们经常强调的：设计师在做产品设计时的核心宗旨是提高用户体验。大部分设计师都经过专业的艺术学习，有一定的艺术功底，在设计中自然要追求艺术美。但设计是一种功利性的行为，有服务的对象；艺术性是用来提高感官体验的，只是作为用户体验的一个因素。著名设计师菲利普·史塔克说过"我们是设计师，不是艺术家"。好的用户体验包含很多方面，相关的研究学者也做过很多模型，比如 Whitney Quesenbery 提出的 5E 原则，包含了有用性（Effective）、效率性（Efficient）、易学性（Easy to learn）、容错性 (Error Tolerant)、吸引力 (Engaging)，如下图所示。简单的解释是：我们设计的产品要对用户有用；能在一定程度上提高生产、生活的效率；要让用户容易理解并快速知道如何操作；在用户进行失误操作后，能够有挽回措施或者不会造成较大的损失；对用户是有吸引力的，无论从功能还是造型上（这点才是需要艺术设计能力的）。

举个产品的例子：iPhone 推出的时候，将电话、高速网络设备、音乐播放器合为一体，满足了有用性和效率性，用户无须同时背着电话、电脑和 MP3 播放器三样设备。在易学性上，iPhone 远远超过了同时代的移动设备（不仅仅是手机，甚至超过当时任何市面在售的 PAD）。先按 Home 键再滑动解锁，避免了 iPhone 在口袋或背包中受到挤压启动屏幕造成错误操作，阐释了容错性。吸引力方面则无须再解释了。

Jesse James Garrett 的 5 层用户体验模型也非常有名，感兴趣的可以去看《用户体验要素》这本书。对于以用户为中心，很多设计师都是比较理解的，这里就不多说了。最重要的是抛开艺术家的"傲娇"，去研究用户的行为，围绕用户去做设计。

逻辑思维

逻辑思维是一种能力，笔者个人对逻辑思维最直接理解就是因果关系的分析能力，根据观察和结果,发掘原因,抽象出每个因素,根本目的是提高推导结果的能力。在产品设计中,我们在着手开发前需要将预想的方案结合各种因素,一步一步去分析可能产生的结果,去选择最优路径。

设计师可以多和优秀的产品经理/策划接触,从合作以及沟通中观察对方的思维方式、办事逻辑,分析优秀的策划方案、PRD中的思路、流程图,学习逻辑思维技巧。

提升逻辑思维的书籍很多,笔者建议大家在阅读相关书籍的同时去看些哲学著作,以便提升抽象思维能力。这里笔者推荐柳冠中老师的《事理学纲论》,虽然不是关于逻辑思维的专业书籍,但围绕事与理展开了很多思索和探讨,有助于设计师的思路从外在传达(Appearance)向内在本质(essence)转变。

数据思维

从这里开始就是在实际工作中才能体会的知识了。对于设计师来说,虽然可以在学校学习研究方法,但是数据仅仅是学习的一小部分,即便是学校的老师,教学重心也放在设计创造力身上,不会太强调分析数据的能力。

从时间角度,数据分析可分为:
- 前期调研数据;
- 中期测试数据;
- 后期结果数据。

通常,我们在做一个项目、产品或功能之前,要对其适用的环境、人群、时机、市场竞品做提前分析,来决定战略和战术。在大企业中这部分工作通常由市场用研部门来完成,但也有公司的产品组中的产品经理独立去完成的情况。对于设计师来说,去协助产品做前期的调研是很有必要的，越早了解项目的背景，就越能有的放矢地给出设计方案。

某些情况下，我们在对产品功能和设计方案没底时，需要做一些高保真的 Demo 投放给一部分目标用户，来收集反馈，从而调整或验证方案，决定最终的产品功能。设计小组在这方面做得比较多的是利用高保真模型测试用户体验，利用问卷调研查看用户对视觉方案的选择，进行 A/B 方案投放测试等，这些都对产品方案的完善起到了很大作用。

后期结果数据则是产品真正上线后，一方面通过用户回访，另一方面通过预先埋入的统计点，通过观察数据结果是否符合预期、数据曲线的变化来分析产品存在哪些问题，问题出现的节点，进而思考解决方案。

从分析对象来讲，数据思维可分为如下内容。
- 用户行为；
- 市场运营；
- 技术性能。

用户行为对于设计师来说最重要，我们通过观察用户对每个页面、模块的访问率、停留时间等数据，来了解用户更喜欢或习惯做什么，有没有达到我们的预期目的。有时候用户数据会反馈出和我们的预想截然相反的结果。举个例子：现在很多电商都喜欢用产品横向排布，支持手势向后横划查看更多的设计，如下图所示。这样可以在入口处展现更多的商品，但实际的数据反馈是：展现更多商品的总访问率并不比固定的几个商品坑位的总访问率好多少。由此可以看出：展现更多商品并不一定能带来更多的访问。

第四章 成长指南

使用横向滑动查看商品的 App

市场运营的数据包含销量、销售额、转化率、客单价等。这一类数据通常不是对所有人员都开放的，设计师应尽可能去了解一些大概数据。一来可以对自己所做项目的表现有一定的了解，二来可以思考运营数据好与差的原因，帮助产品在功能和设计方面进行改进。

技术性能数据，这类数据对开发人员更重要，设计师需要了解的是产品的性能对用户体验的影响。比如一个页面的加载时间如果过长，用户很可能就会认为产品出了问题，放弃在页面等待，此时设计师就要和技术人员一起查找是技术原因还是交互行为造成的问题，该如何去优化。

设计师要有关注和主动提出数据埋点的意识。因为做网络或移动设备的数据统计是需要提前埋入统计点的，如果设计师觉得某些功能或设计需要关注用户的行为，那么要在产品上线前找相关的数据人员去埋点，并且在后期拉出数据，分析结果。

但是需要记住的是：数据再重要，也只是辅助功能，不要被数据牵着鼻子走，用数据的高与低来判断功能的重要性是很肤浅的，重要的是去分析影响数据的本源。

市场营销思维

上面在讲数据思维时,提到了设计师也要关注营销数据,这属于市场营销思维。企业的根本目的是把产品卖出去,所以产品设计方案能够吸引目标用户群才是最重要的,这里要特别强调一下"目标用户",每个产品都有对应的群体,想要设计面向全民各阶层的产品是不可能的。设计师应该去研究了解目标用户,针对他们的特点去做设计,才能保证设计思路清晰,效果明显。

从美学角度来说,设计师不应将自己的审美强加给用户,要去分析目标群体,设计出符合他们审美的产品,这也是营销思维。但是在某些层面,设计师又有责任去引导用户的审美,至于做到何种程度才是最佳的引导方式,由于不同人群的接受度和忍耐性有所不同,这就需要不断地测试、分析数据才能确定。

举个例子:我们经常在接到运营人员的需求文档后,发现运营特别喜欢"多"展示信息,把所有相关的点都集中展示出来,从运营自己的角度来说,多展示产品特点能够吸引用户;但是从信息设计的层面来看,用户在一个时间点能接收的信息是有限的,并且人有信息过滤的本能。所以,我们在和运营沟通时,一是从专业角度出发,明白人接收信息的能力有限;二是要去分析目标人群最关注的是哪种信息。

项目思维

最后说项目思维的原因有两个:首先,前面讲的 4 种思维都和项目思维有交集;其次,有一定的项目经验才能谈项目思维,因为这个是学校课本里绝对没有的内容。

项目思维可以细分为以下几点。

- 了解项目组成和自己所处的位置；
- 关注项目进展和自己的推动能力；
- 协调项目其他成员达到最佳效率。

1. 了解项目组成和自己所处的位置

一个完整的项目组是由多个部门组成的，在笔者经历的项目中，电商项目是最复杂的，因为电商本身的服务环节就非常庞大。了解每个环节、每个部门的职责，可以知道整个项目的运作模式、每个人对项目起到的作用。项目组中的每个成员都会有直接、间接的工作联系，设计师要知道自己的直接需求方和最终的需求方来自哪里，自己的设计对接下游有哪些，最终方案在哪里落地。一些与设计师没有直接交集的环节，如果出现问题时，设计师也要去思考是否可以从设计角度去解决问题。下图展示的为电商项目的基本职能组成，产品研发放在中间并不是说它比其他组更重要，通过连线可以看到产品研发与其他部门的相互支持的关系。

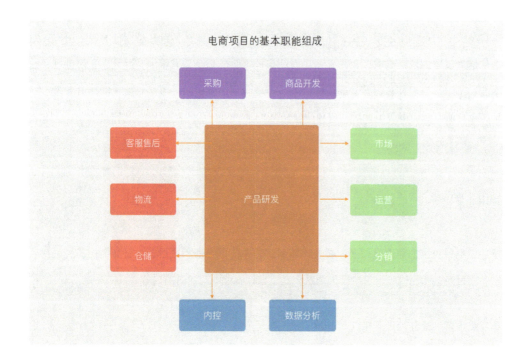

2. 关注项目进展和自己的推动能力

某些设计师觉得：接到需求时确定需求和交付时间，按时交付就可以了。并不需要关注功能何时上线，产品何时发版，项目今年的计划目标。这样做带来的结果就是：这个设计师在项目中的作用仅仅局限于自己的设计产出。

要提高自己在项目中的重要性甚至话语权，就要积极推动项目，某些时候，好的设计方案或方法可以提高设计效率，加速方案产出，从而加快项目进展，比如使用可以小组协作的设计工具。

推动项目要尽量保证项目的产品版本发布按计划的日期上线，比如：一些设计方案的实现比较复杂，开发人员评估或在实际编写时发现工期会延长，影响版本发布，有些设计师会比较固执地让开发人员在当期版本按原定的设计方案执行，最终造成版本延期，这就是缺乏项目思维的表现。正确的做法是快速给出可以替代的设计方案，如果这个功能不是本版本的必要功能，就放到下一个版本，第一原则是不可以让上线延迟。因为延期上线会形成习惯，有第一次就有第二次，最后造成全年的项目计划延期。

更进阶的推动项目，设计师要主动、思考产品功能去提高用户体验，增加留存率、转化率。不要做一个仅仅是接需求、给方案的角色。

3. 协调项目其他成员达到最佳效率

小组成员要相互知晓每个人负责的业务和进度，能够做到成员不能到岗时有替补人员，人员变动不会影响项目进展。这个责任更多的在小组领导的身上，定期的周会、及时通报工作进度和结果，都有利于小组的能力和效率提升，从而促进整个项目发展。

不同小组之间，比如从产品到设计再到开发测试，需要有比较严格规范的提需求、设计方案。开发执行的制度和时间制定，小组之间可以定期碰面讨论，发现当前的问题，提出解决方案。而随着项目不断地发展变化，原有的方法可能会变的不适用，所以定期调整策略也是非常必要的。

第四章 成长指南

总结

最后总结一下，用户中心思维和逻辑思维是基础能力，在任何阶段都要不断去提升，数据和运营思维需要在实际工作中去学习，项目思维的完善需要不断增加工作经验，如下图所示。很多设计师具有了其中一项或多项能力，并且也在不断提升其他方面的能力。我们的最终目的是通过产品思维的提升，强化设计师在项目或企业中的重要性，促进项目和企业的进步与发展，进而有能力向更高、更远的战略层面发展。

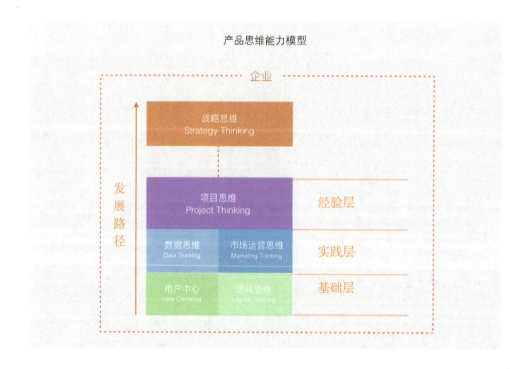

后记

网易的设计师给外界的感觉一直是"很低调",确实,在实际工作中,网易的设计师都非常低调、务实,所有的设计师都在业务线上专攻自己的领域,鲜有设计师"抛头露面"出来分享经验或感想,说来对行业的贡献反倒显得有些不多了。而本次,之所以一反常态地分享自己的设计总结和心得,也是源于我们微信公众号(网易 UEDC)的 Slogan——让设计思考被看见。

设计的价值不言而喻,但设计的思考过程很难外显,对设计线之外的同事而言,设计甚至有些神秘或者没有技术含量。其实,不论是绚烂多彩、扣人心弦的设计,还是看似平淡、实则巧妙的设计,都是经过严格的逻辑推敲,辅之科学的设计方法而得到的。

本书大部分文章都源于我们最近两年的工作积累。2016 年年初至今,从创立第一个微信公众号"妖鹿山设计屯"开始,我们就希望所有的设计师能够将自身的经验传递给其他人,让其他同学能够将这些经验内化为自身的能力,并迁移到日常工作中。

本书从筹划到面世共历时 6 个月。策划过程中最难的部分,莫过于从 200 多篇文章中挑选出 21 篇文章。不敢说这 200 多篇文章多么优秀,但每一篇文章都是每个作者以自身工作经历为出发点,讲解具体的设计过程和设计心得。为了保证给读者提供最有价值的内容,我们通过各种维度精选了 25 篇文章,本以为这是不可再减的版本时,我们拿到了 400 多页的样书,面对过厚的图书,我们不得不痛心地再次删减文章、修改版式。在这里,感谢电子工业出版社对我们的包容,在确定文字内容,进行封面设计、版式设计的过程中,我们反复修改,力求最好,而出版社不仅没有厌烦,还竭力配合、献计献策,力求实现我们期望的效果。

随着新书上市日期的临近,我心中反倒开始有些不安。我问身边的同事:"客观地讲,我们这本书的质量如何?"同事回复:"想想我们折腾了这么久,定主题、选文章、设计版式、精修文章和配图、选择纸张和装帧,每一项我们都折腾了好多次,还有啥不放心的。"想来也是,我们竭尽全力,用心去做,虽然可能存在种种不足,但我们无愧"以匠心,致设计"这个书名。

在新书即将面世之际,感谢所有作者,包含那些在书里没有体现出来的作者;感谢自始至终组织、策划的小编团队;感谢电子工业出版社的配合;特别感谢 20 位高校老师、行业"大牛"为本书撰写推荐语。最后,由衷地感谢购买本书的各位读者。

网易做设计的历史不过十几年,我们的团队还很年轻,经验还不多,但我们愿意真实、真诚、不造作地将自己实实在在"趟"过的路,以一种自我剖析的方式,原原本本地介绍给所有读者。希望我们这些微不足道的努力能够为其他公司的朋友带来一些启迪。

杨杰(大饼)
网易 UEDC 设计经理,网易交互设计委员会主任委员

4个月实现
零基础转行成为设计师

网易云课堂 微专业

微专业——联合一线互联网行业专家，以 IT 职位为导向，研发 4 个月系统课程，帮助学习者系统地掌握对应职位的工作方法和技巧。通过好的导师、好的课程、好的服务，使学习者收获全新的职业提升！

01
领域专家
一线互联网企业专家、一流名校教授亲自授课，
提供专业、权威知识体系

02
一线案例
项目负责人剖析自身经历亿级案例，
逐一总结技巧及诀窍，让你快速吸收经验精华

03
创新教学
阶段性讲师直播分享 + 1v1 作业点评 +24 小时答疑，
体系化教学击破所有学习疑问

04
行业需求
以企业真实用人需求出发设计课程，
提炼职业核心技能模块，针对性提升专业水准

05
项目导向
模拟真实项目，独立产出完整成果，
大幅提高项目经验，切实提高求职竞争力

初级UI设计师 微专业

浓缩10年设计经验，授课9期经典课程，超过5000名UI设计新人选择
适合人群：零基础
对UI设计感兴趣的入门设计爱好者；中小互联网企业，没有系统学习过UI知识的UI设计师
学习目标：掌握UI设计师的各项技能，独立完成APP完整设计

A 理论×实战
UEDC设计专家团队亲授

导师曾主持多个网易一线产品的UI设计工作，包括网易云音乐、网易考拉海购、易信、Lofter等，真实了解国内一线UI设计师的能力需求和提升方向。

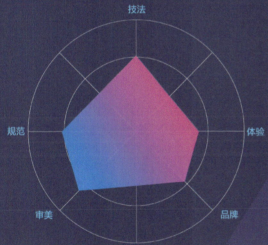

B 以一线UI设计师能力模型设计课程

以一线互联网公司对UI设计师综合评价模型出发，提炼UI五大核心技能模块——技法、规范、体验、审美、品牌。
从icon、动效创作到设计规范输出、品牌设计、用户体验提升优化，带你完成一个APP设计项目、制作出优秀的的个人作品集。

C 优秀学员作品展示

高级UI设计师 微专业

突破初级设计师瓶颈，从产品维度提升设计能力，实现设计商业价值

适合人群：初级 UI 设计师
缺乏产品思维和设计美感的设计师；缺乏多种类型产品实践经验的初级设计师
学习目标：熟悉各种产品设计方法，适应项目调整和市场变化

A 网易多个核心产品设计师亲授

导师团队均为网易核心产品设计师，包括网易严选、网易考拉海购、Lofter、网易云等产品。他们经历网易不同类型产品从无到有，再到千万、亿级用户使用的全过程。

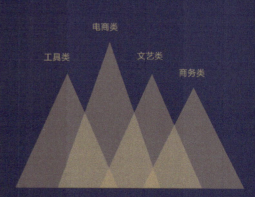

B 熟知多种产品设计思路 提升设计高度

市场上绝大部分产品可分为 4 大产品类型——工具类、电商类、文艺类、商务类。
导师经过 10 年以上实践，总结出不同的产品的设计技巧，帮助你快速了解 4 类产品设计思路，进行不同产品的 APP 和 WEB 设计，尝试各种类型的商品展示和活动、推广设计。

C 网易亿级案例精讲 剖析关键所在

交互设计师 微专业

全网独有的交互设计专业教学，以网易真实项目引导实现从感性到理性的设计转变

适合人群： 零基础

缺乏系统培训的交互设计师；希望转行交互的 UI、运营、开发；需要提高交互能力的产品经理

学习目标： 了解规范的交互设计流程，输出成熟的交互设计文档

A 交互×产品×用研
网易UEDC资深团队亲授

导师团队由国内交互体验研究专家、网易 UEDC 资深设计师、网易核心产品负责人、网易用户研究主管组成，他们主要负责易信、Lofter、网易云课堂、网易七鱼等网易重点产品的设计。

B 从0到1明晰交互设计全流程

从一线公司的交互设计师工作流程出发，带你深刻了解需求分析、信息框架、流程设计、测试评估四大交互设计环节。输出规范的需求分析报告、交互设计文档、测试报告，从产品角度、设计角度、数据角度完善交互设计方案。

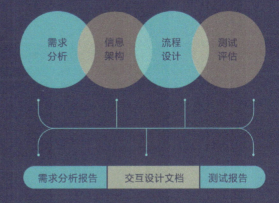

C 成功入职/转型，你可以是下一个

> 刚入行 1 年多的时候，主要靠自学摸索交互，后来报名了网易微专业。经过一段时间的系统学习，能力得到明显的提高，推荐刚入行或有交互基础知识的小伙伴试试。

Mufly
现微众银行交互设计师

> 为云课堂打 call，云课堂是我线上自主学习的第一步。让你了解项目开始到落地的真正工作流程。我通过学习，也认识了很多正能量的伙伴。

二凡
现百度交互设计师

> 交互微专业课程内容以网易设计师们亲身经历的商业项目做案例，既能学到他们的设计思维和设计方法，也能体会到如何让交互设计真正有助于产品的业务和体验。

龙爪槐守望者
《这个控件叫什么》专题作者